海洋馆设计手册

HAIYANGGUAN SHEJI SHOUCE

编著　鱼京设计（大连）有限公司

大连理工大学出版社
Dalian University of Technology Press

图书在版编目(CIP)数据

海洋馆设计手册 / 鱼京设计（大连）有限公司编著
. -- 大连：大连理工大学出版社，2021.10
ISBN 978-7-5685-3182-5

Ⅰ. ①海… Ⅱ. ①鱼… Ⅲ. ①海洋生物—水族馆—建筑设计 Ⅳ. ①TU242.6

中国版本图书馆CIP数据核字（2021）第193651号

出版发行：大连理工大学出版社
（地址：大连市软件园路80号　邮编：116023）
印　　刷：大连图腾彩色印刷有限公司
幅面尺寸：185mm×260mm
印　　张：6
字　　数：70千字
出版时间：2021年10月第1版
印刷时间：2021年10月第1次印刷
策划编辑：苗慧珠
责任编辑：邱　丰
封面设计：洪震彪
责任校对：曹静宜

ISBN 978-7-5685-3182-5
定　　价：78.00元

电　　话：0411-84708842
传　　真：0411-84701466
邮　　购：0411-84708943
E-mail：dutp@dutp.cn
URL：http://dutp.dlut.edu.cn

目录

Contents

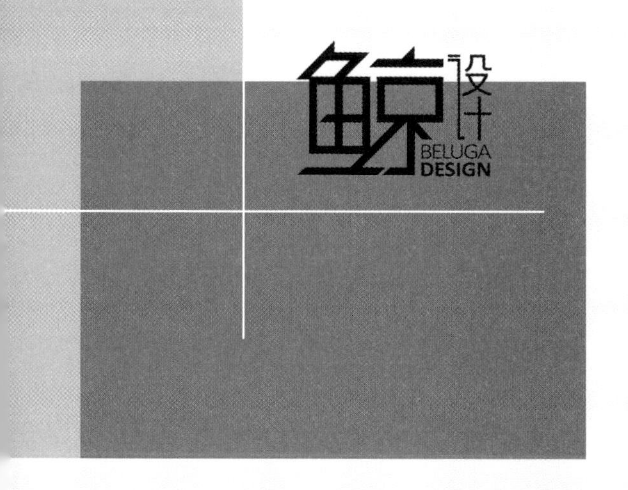

鱼京设计自2009年成立，

一直致力于海洋馆的设计探索，未曾止步。

十二年，见证了海洋馆飞跃式的发展；

经历了从单一海洋动物的展示到海洋产品复合化、生活化的转变；

伴随十余个海洋馆从概念草图到实地落成；

掌握从海洋馆选址到竣工的每一个细节。

十二年，我们初心未改

——做中国最专业的海洋馆设计服务商。

海洋馆作为小众设计尚没有完备的指导性参考资料，但所涉及的领域又十分庞杂，设计师往往不得要领，很难参与和实施海洋馆设计。本书结合已建成的海洋馆设计经验，总结归纳了设计环节中关键的标准化、模块化的数据，从海洋馆的发展、前期策划、场馆的设计规划、动物选择等多个方面分别阐述，力求语言通俗易懂、形式图文并茂。

希望本书的出版能帮助更多设计师系统地了解海洋馆设计的全过程，从而使更多科学合理的、人性化的海洋文旅项目落地，促进海洋文化的科普和传播，推动我国海洋文旅产业的蓬勃发展。

OUTLINE

第一部分

概　要

1. 总则

为适应海洋馆的建设需要，保证海洋馆设计符合使用、安全、卫生等基本要求，特制定本手册作为海洋馆设计的参考。

本手册适用于海洋馆的新建、扩建及改建设计。

《旅游景区游客中心设置与服务规范》（GB/T 31383 — 2015）

《主题公园服务规范》（GB/T 26992 — 2011）

《冷库设计规范》（GB 50072 — 2010）

《水生哺乳动物饲养设施要求》（SC/T 6073 — 2012）

2. 定义

海洋馆是依托海洋资源，通过海洋生物活体、标本、影像资料等展示，向游客科普并传播海洋科学的知识、同时为游客提供休闲游乐的场所。海洋馆除了展示海洋生物，也可兼顾淡水生物和极地生物的展示。具有以上功能的场所又称作水族馆或海洋世界等。

在以海洋馆为运营核心的基础上，又延伸出融入游乐园、休闲公园等多种复合游乐体验于一体的主题公园这一新型运营模式。

目前，随着海洋馆的日趋成熟，观赏海洋馆已成为文化旅游的必选项，其带来的经济效益和社会效益也非常显著。

海洋馆设计属于建筑设计中的专项设计，通过设计来指导海洋馆的建造，使其充分满足海洋馆建筑的使用需求。

3. 发展历程

我国海洋馆的发展具有一般主题场馆的共性，也有其自身发展的个性，至今为止共经历了五个阶段，如图 1、图 2 所示。

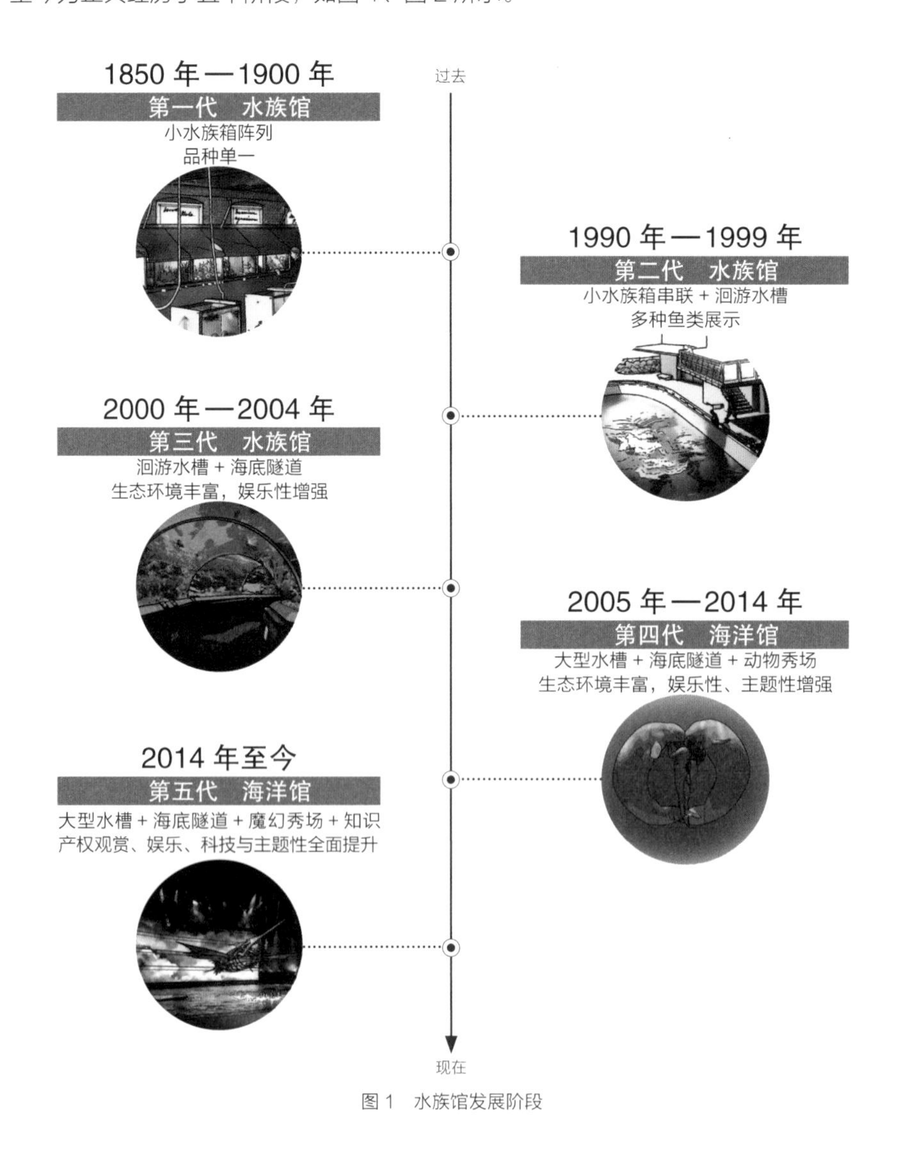

图 1　水族馆发展阶段

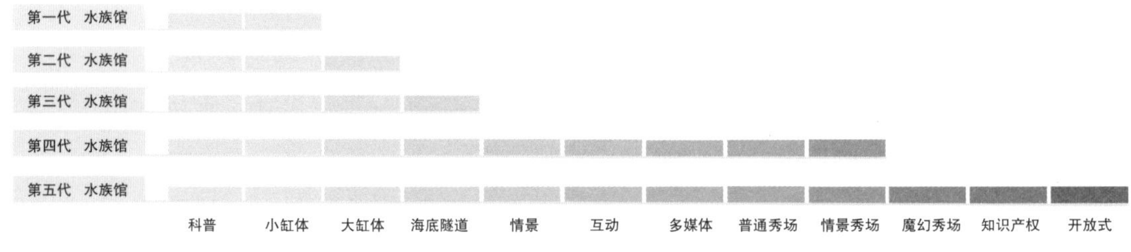

图 2　海洋馆发展历程及其产品迭代对比

4. 规模分类

建筑规模通常根据建筑面积划分，但对于海洋馆这种特殊的展示类建筑来说，水体量也是其重要的衡量标准，如图 3、图 4 所示。

海洋馆不同于一般的展示类建筑，相比根据建筑面积来划分规模等级，水体量更适合作为其划分标准，且能够直接反映出海洋馆的动物数量、设备预算等。根据水体量进行规模等级划分可分为小型海洋馆、中型海洋馆、大型海洋馆和超级海洋馆，见表 1。

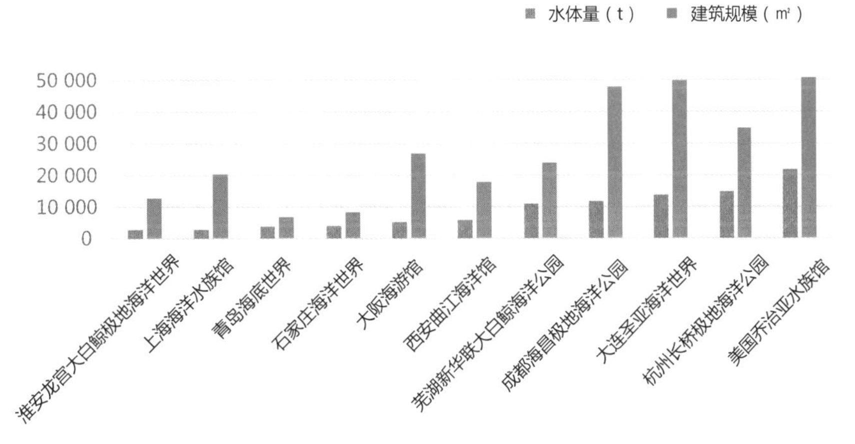

图 3　海洋馆规模数据统计

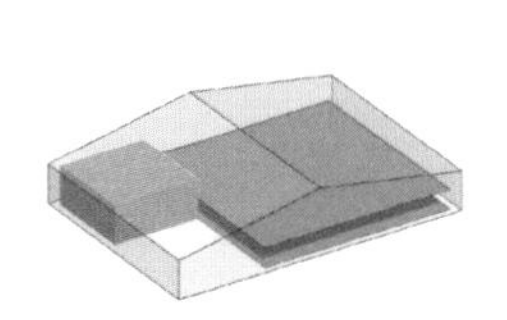

小型海洋馆
建筑面积：4000 m² ~ 6000 m²
水体量：3000 t

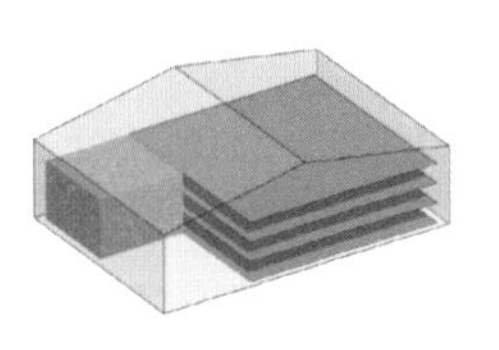

中型海洋馆
建筑面积：6000 m² ~ 12 000 m²
水体量：6000 t

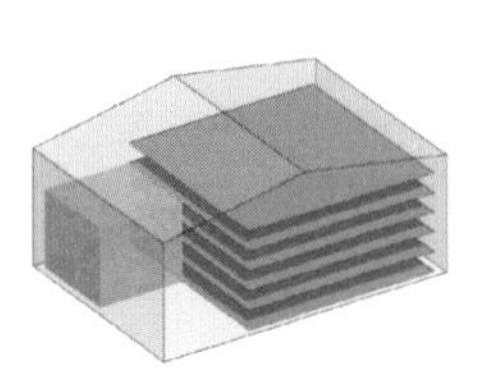

大型海洋馆
建筑面积：15 000 m² ~ 30 000 m²
水体量：10 000 t

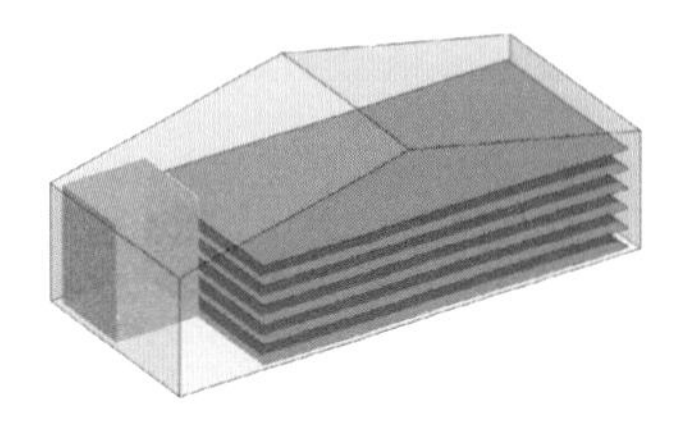

超级海洋馆
建筑面积：30 000 m² 以上
水体量：10 000 t 以上

图 4　海洋馆规模

表 1　海洋馆规模参数及展示定位

海洋馆规模	水体量（t）	面积合理区间（m²）	展示类别定位
小型海洋馆	3000	4000 ~ 6000	常规海洋展缸展示、极地动物展示 + 小型深海花园
中型海洋馆	6000	6000 ~ 12 000	小型海洋馆 + 秀场 （在白鲸、海豚、海狮三种主演动物中选其一）
大型海洋馆	10 000	15 000 ~ 30 000	小型海洋馆 + 秀场 （在白鲸、海豚、海狮三种主演动物中选其一）
超级海洋馆	10 000 以上	30 000 以上	大型海洋馆扩大版 + 超大水体展示

PRELIMINARY PLANNING

第二部分

前期策划

1. 项目选址

1.1 选址原则

图 5 分析了海洋馆建设地点与城市各区域之间的关系。

（1）海洋馆选址必须服从城市总体规划的部署，与分区规划紧密结合。

（2）具备便利的周边条件及完善的市政基础设施。

（3）应至少与两种快速交通方式相连接，确保在旅游旺季不干扰城市交通的正常运转。

（4）可促进旅游业对城市发展的带动作用。

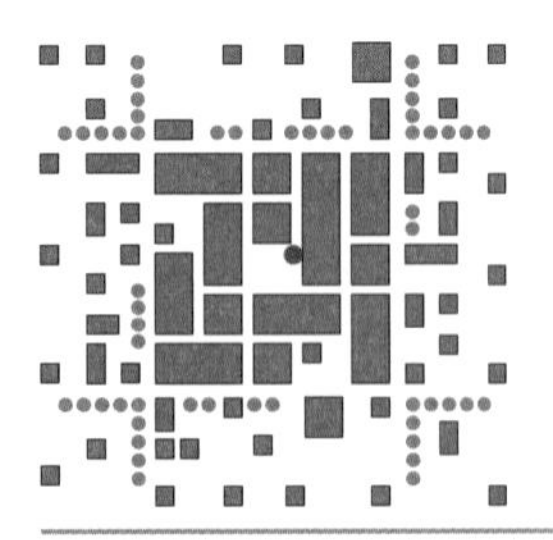

城市中心区

交通便利，可利用既有的配套设施；受场地限制，扩展难度大

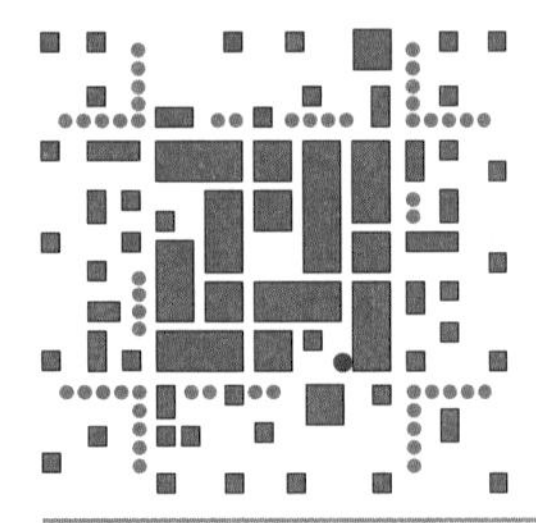

城市近郊区

轨道交通较多，场地限制因素较少，可持续性发展

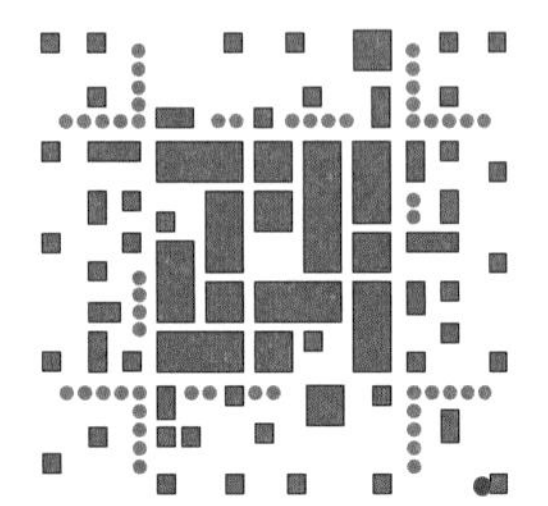

城市远郊区

与江河等景观相结合，临近机场，便于大型货运；可持续性发展；需建配套设施

图 5　建设地点与各区域之间的关系

1.2 项目定位

（1）交通分析

从可到达性（距离市中心、机场、火车站）、是否是旅游城市、项目周边 200 km 或者 3 小时车程内交通便利性进行分析比较。

（2）市场分析

项目所在地人口状况，同类项目的数量、位置和规模，以及周边配套情况等进行分析。

（3）消费能力分析

根据区域概况进行的调研数据，可以整理出该地区户籍人口的特征、年龄结构，从而确定本项目的主力消费群体；从该地区人均可支配收入、人均消费支出等数据，可了解到该地区目标消费群体的潜在消费能力；通过对消费结构的分析可对该地区的消费层次和能力有所了解（图 6）。

表 2 通过列举数据分析，给出项目规模的最终建议。

根据以上分析，海洋馆规模逐级增加可辐射的区域半径也会随之增大，并且覆盖的消费群体也更加全面，通过对消费群体的分析有针对性地增减运营项目，也是经营者需要考虑的一个重要方面。

表 2　海洋馆规模建议

项目		指标	评价	规模建议
可到达性（驾车）	到机场（min）	30	★★★	小型海洋馆↓10~14颗星 中型海洋馆↓15~19颗星 大型海洋馆↓20~24颗星 超级海洋馆↓25~30颗星
		40	★★	
		50	★	
	到地铁站（min）	10	★★★	
		20	★★	
		无	★	
	到火车站（min）	10	★★★	
		20	★★	
		30	★	
人口	入境过夜旅游者（万人）	300	★★★	
		100	★★	
		30	★	
	国内旅游者（万人）	20 000	★★★	
		9000	★★	
		5000	★	
	户籍人口（万）	1000	★★★	
		500	★★	
		300	★	
	常住人口（万）	2000	★★★	
		700	★★	
		300	★	
消费能力	人均GDP（元）	150 000	★★★	
		100 000	★★	
		50 000	★	
	人均可支配收入（元）	40 000	★★★	
		30 000	★★	
		25 000	★	
	人均消费支出（元）	24 000	★★★	
		20 000	★★	
		17 000	★	

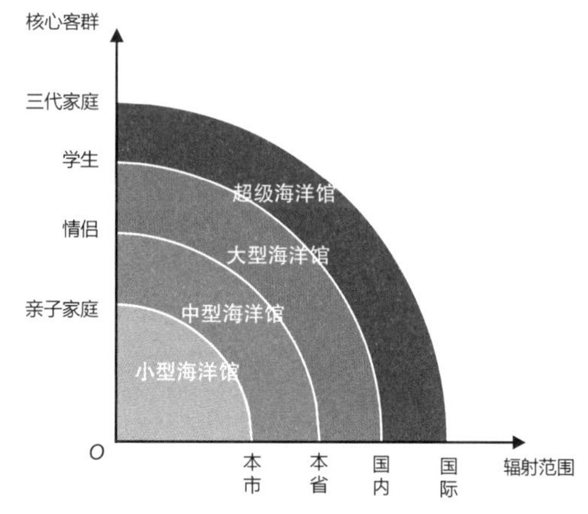

图 6　海洋馆不同规模影响范围及消费者

2. 产品创新

随着资源配置和经济发展方式的转变以及大众消费水平的提高，人们对休闲方式的需求和质量也随之提高，传统的旅游业也面临“求新求变”的挑战，海洋馆的发展更是不可避免，以下分享一些目前比较成功的海洋馆创新模式。

2.1 产品模式创新

随着科技的不断进步，海洋馆的展示模式也变得更加多样化，未来可能会将庞大的海洋馆模块化、多元化和生活化，不必受到地域和资源的限制，如图 7、图 8 所示。

以可移动建筑为载体，以情景体验式居住为亮点，融合了海洋动物陪伴的主题住宿、特色餐饮、亲子游乐、演绎展示于一体的休闲度假新方式

图 7　移动海洋未来之家

以可移动、功能可复合的建筑作为项目载体，提取海洋馆核心秀场，联合多媒体、萌宠，打造以演绎表演为核心、亲子游乐与休闲餐饮为主的休闲娱乐新产品

图 8　海洋魔盒

2.2 展出形式创新

海洋馆的展示形式不仅仅局限于水族箱的单一展示，还可以借助高科技材料和技术打造集视、听、触觉等多感官的体验，如图 9、图 10 所示。

位于建筑顶层露天平台的环形水槽和天空通道，能够从不同的角度欣赏海洋生物的可爱姿态

图 9　日本阳光水族馆

在购物中心的中庭展示着巨大水族箱幕墙，到访者即便不进入水族馆内部也能够感受到来自海洋的震撼

图 10　迪拜购物中心水族馆

2.3 复合体验创新

打破让游客步行参观的传统体验方式，通过科学技术手段的创新，让进入海洋馆的游客在视觉、嗅觉、触觉、听觉等多方面体验，从而达到让游客流连忘返的目的，比如多媒体互动体验、漂流参观海底隧道、浮潜与海豚同游等复合体验，如图 11、图 12 所示。

淮安龙宫大白鲸极地海洋世界中海洋馆与嬉水设备相结合——漂流河流经海底隧道

图 11　淮安龙宫大白鲸极地海洋世界

三亚海洋科技馆的鲸世界中与海豚同游的互动体验创新区域

图 12　三亚海洋科技馆

2.4 经营模式创新

为海洋馆经营寻求更多可能的模式，比如将海洋馆主要展区的部分空间与餐厅、酒店、商超相结合，新奇的体验会更加吸引游客，从而为经营者引流，打造创新的经营模式，如图 13、图 14 所示。

将客房与水族馆相结合，旨在打造海洋主题的家庭娱乐胜地

图 13　迪拜棕榈岛亚特兰蒂斯酒店

利用大连圣亚海洋世界极地馆的后场空间及白鲸暂养池，打造成可以观赏白鲸的咖啡厅

图 14　大连鲸咖啡

3. 投资回报

3.1 投资收益

（1）票价

人们对海洋馆的心理价位相当于当地人均日工资的水平，票价可分淡旺季或采用套票、单馆拆分的方式，见表 3。

（2）客流量

客流量是海洋馆收益的直接反映，其影响因素主要有：场馆所在区域、项目吸引力、场馆承载力、运营能力等，见表 4。

表 3　海洋馆所在地及票价

海洋馆名称	所在城市	票价（元）
珠海长隆海洋王国	珠海	395
秦皇岛乐岛海洋王国	秦皇岛	85
大连老虎滩海洋公园	大连	240
大连圣亚海洋世界	大连	170
哈尔滨极地馆	哈尔滨	160
天津海昌极地海洋公园	天津	245
杭州长乔极地海洋公园	杭州	350
青岛海昌极地海洋公园	青岛	255
香港海洋公园	香港	400
上海海洋水族馆	上海	160

表 4　海洋馆面积及客流量

海洋馆名称	面积（m^2）	年客流量（万人次）
北京富国海底世界	7800	100
上海海洋水族馆	20 500	100
北京海洋馆	42 000	130
厦门海底世界	30 000	150
大连圣亚海洋世界	50 000	180
哈尔滨极地馆	11 000	180
抚顺皇家海洋乐园	25 000	200
成都海昌极地海洋公园	48 000	300

（3）游玩时长

游玩时长一般根据游客动线长度计算，与场馆规模、经营项目有关，可考虑在游客动线上设置互动体验项目来增加游玩时长，从而增加游客体验的满足感（表 5）。

（4）投资成本

如图 15 所示，海洋馆的总投资成本包括土建及安装、设备和主题造景、展示动物和制作，其中维生系统的平均成本为 2000 ~ 2200 元 / 吨，海洋馆平均面积的投资成本为 15 000 ~ 20 000 元 / 平方米。

表 5　海洋馆参观游玩时长

海洋馆名称	游玩时长（h）
迪拜购物中心水族馆	2
曼谷暹罗海洋世界	3~5
日本阳光水族馆	2~3
新加坡 S.E.A. 海洋馆	2~3
大阪海游馆	2.5
北京海洋馆	3
成都海昌极地海洋公园	3
广州正佳极地海洋世界	2~3

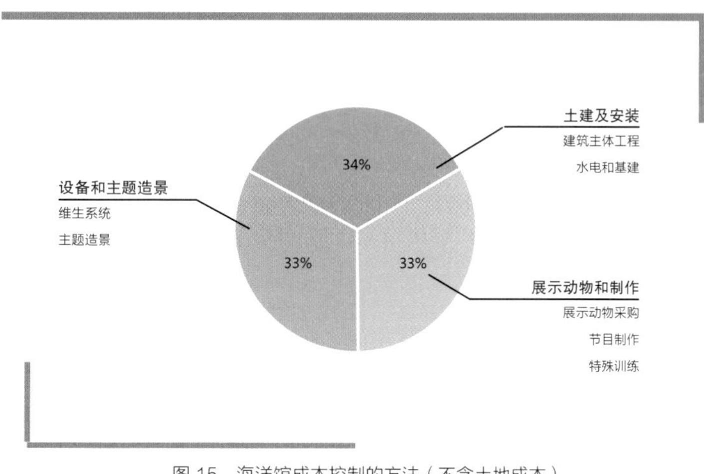

图 15　海洋馆成本控制的方法（不含土地成本）

（5）运营成本

日常运营成本包括水费、电费、员工工资、饵料、折旧费、利润及其他，表 6 是 30 000 m^2 场馆的日常运营成本估算表。

表 6　运营成本估算表

项目类别	标准馆	备注
水体量	10 000 t	30 000 m^2~40 000 m^2 的场馆，10 000 t~150 000 t 以内水体量比较经济
水体年循环次数	4 次	运营较好的海洋馆维生系统可以每季度循环一次，部分则需要每月循环一次
年用水量	40 000 t	
人造海水单价	100 元 /m^3	
水费	400 万元	
年用电量	1000 万千瓦时	较为经济
电费	1000 万元	电价 =1 元 / 千瓦时
员工工资	3238 万元	单个海洋馆的工作人员约 400 人，旺季时需要增加临时服务人员
设备维修费	405 万元	开业前三年较少，以后每年度递增。维修费按设备投资的 3% 计算
外购饵料及其他原材料	750 万元	约为营业收入的 3%
固定资产折旧费用	1383 万元	统一按 20 年折旧
设备折旧费用	1350 万元	统一按 10 年折旧
动物折旧	768 万元	统一按 5 年折旧，但实际哺乳动物的存活年限都较长
营销费用	1000 万元	一般新馆前两年的营销费用较高，1000 万元以内。成熟后每年约 500 万元 ~600 万元
其他费用	500 万元	约为营业收入的 2%

3.2 综合效益评价

海洋馆的运营周期为 5~10 年。

国内海洋馆主要营利模式与问题：门票定价普遍偏高，门票收入成为其主要收入来源，而来自购物、娱乐与餐饮的收入却相对较少，餐饮、购物、娱乐等项目的面积规模小，开发重视程度低，缺乏吸引力，游客的消费热情低，如图 16 所示。

从运营角度来说，项目定位、地理位置及运营模式尽量做到能同时吸引当地居民和外地游客这两大主要客群；瞄准教育市场，提供与校园课程相关的教育产品；搭建完善的社交媒体平台，顺应“互联网 +”的趋势。

从游客体验感的角度看，海洋馆拥有新颖、独立的主题性“故事线”更能吸引年轻游客的关注；在游玩中体验某个难忘的项目也会提高重游率；融合高科技、数字化、多媒体的互动展示技术，也能加深游客的体验。

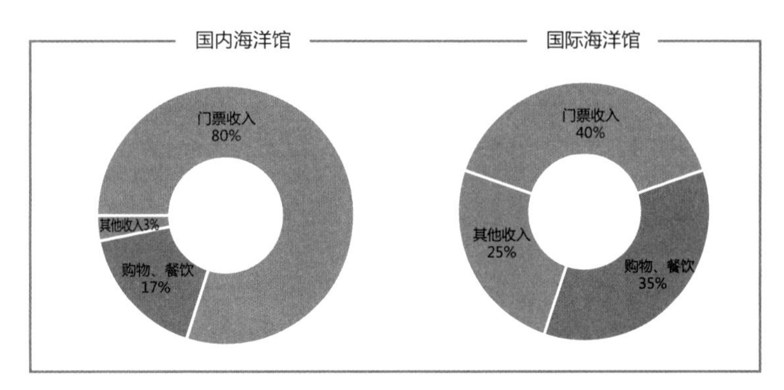

图 16　国内外海洋馆营利模式对比

AQUARIUM DESIGN

第三部分

场馆设计

1. 设计流程（图 17）

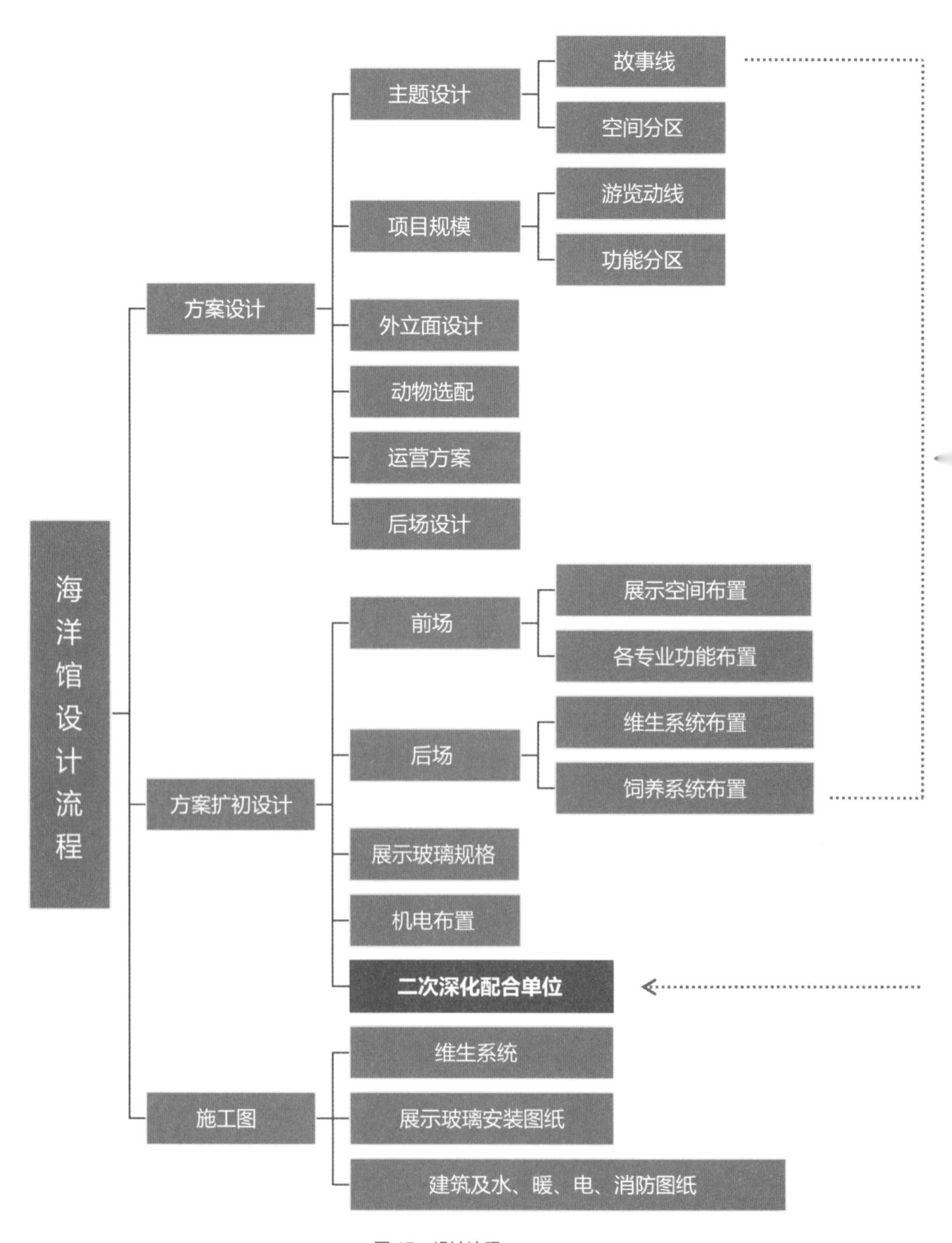

图 17　设计流程

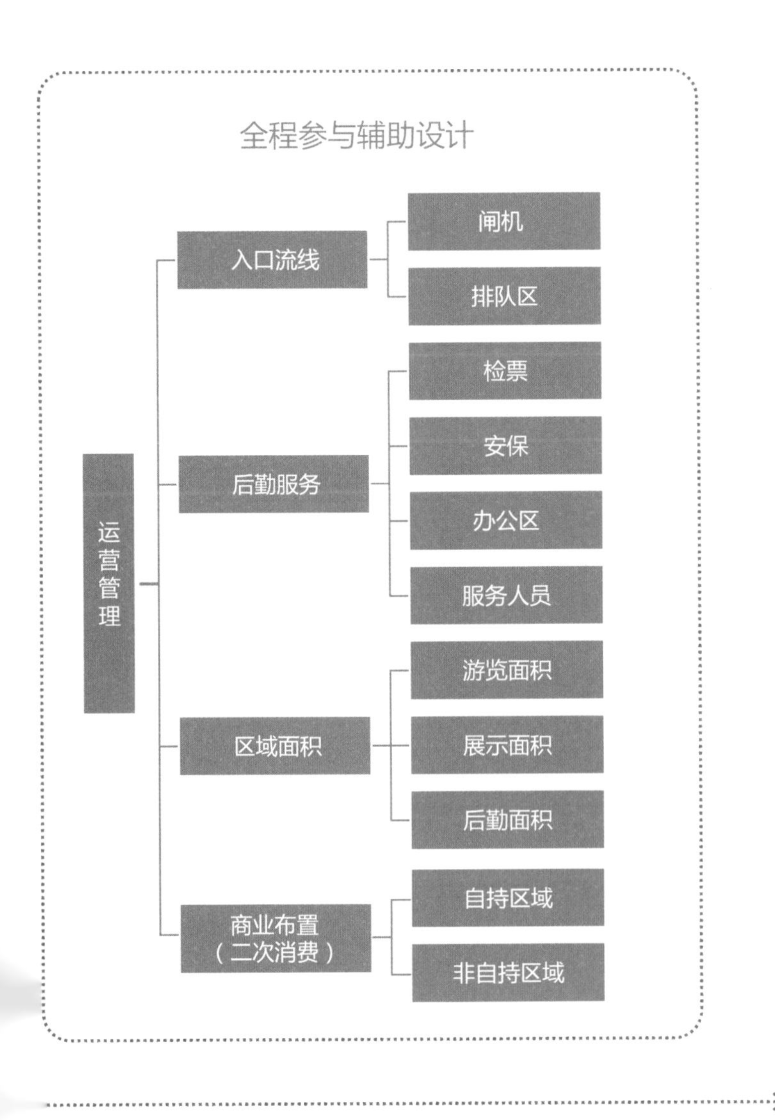
全程参与辅助设计
运营管理
入口流线
闸机
排队区
后勤服务
检票
安保
办公区
服务人员
区域面积
游览面积
展示面积
后勤面积
商业布置
（二次消费）
自持区域
非自持区域

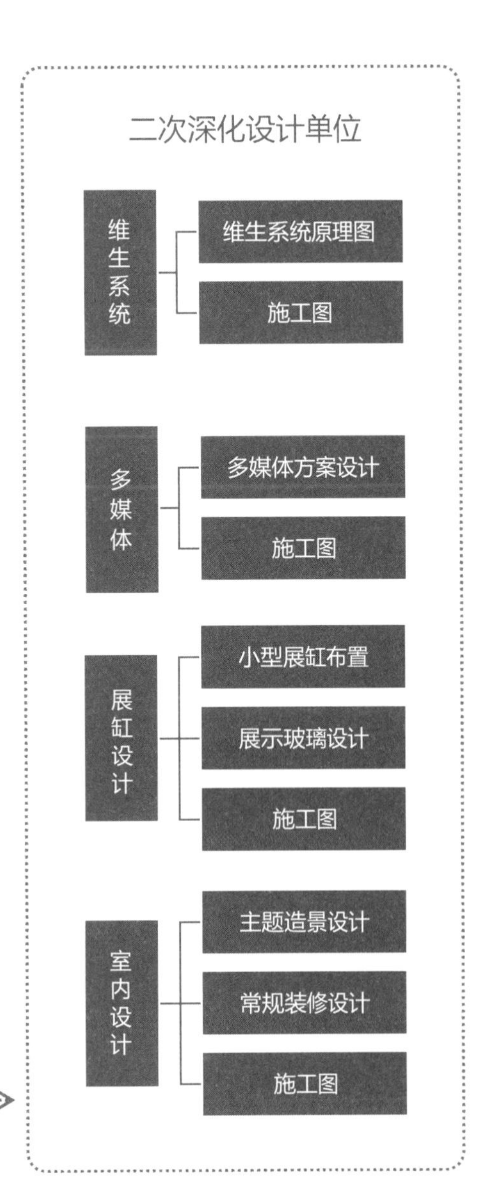
二次深化设计单位
维生系统
维生系统原理图
施工图
多媒体
多媒体方案设计
施工图
展缸设计
小型展缸布置
展示玻璃设计
施工图
室内设计
主题造景设计
常规装修设计
施工图

续图 17　设计流程

2. 总体规划

2.1 选址及用地

（1）海洋馆基地选择宜临海，可通过抽取自然海水净化补充馆内海水，降低运营成本。

（2）选址交通便利，配套设施完备。

（3）保证安全，远离易燃易爆场所，远离噪声等污染源。

（4）满足功能要求，基地面积应满足海洋馆需求，并适当留有发展余地；基地的自然条件应与海洋馆的性质及功能特征相适应。

（5）符合城市规划的要求。

海洋馆布局如图 18 所示。

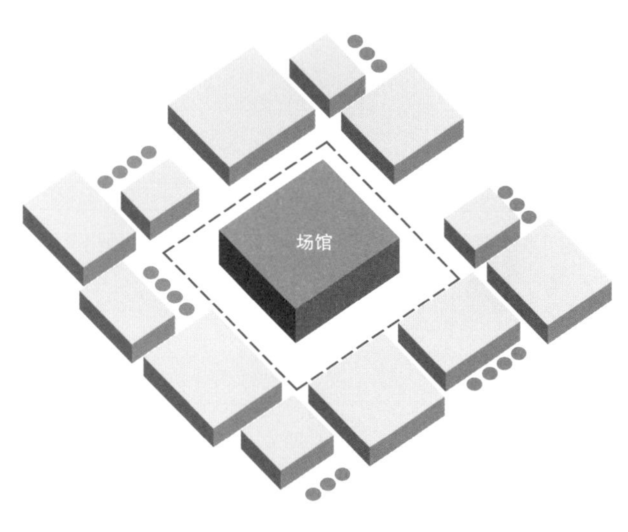

(a) 集中式布局

图 18 海洋馆布局

2.2 平面布局

建筑的平面布局形式不仅取决于建设的规模和功能要求，也受到周边环境的影响，常见的布局形式有集中式、分散式和复合式（表 7）。

表 7　海洋馆平面布局分析

项目	布局形式		
	集中式	分散式	复合式
特点	各功能空间集中在一起，形成完整的独立场馆	场馆按主题分隔，形成相对独立的单体场馆	将海洋馆安置于既存建筑空间内
优势	布局紧凑，游览动线短，节约土地成本	有利于缓解人流压力，发挥过渡空间的商业价值	融合不同商业业态，满足多样性、综合性需求
实例	新加坡 S.E.A. 海洋馆、大阪海游馆	珠海长隆海洋王国、大连老虎滩海洋公园	淮安龙宫大白鲸极地海洋世界、迪拜购物中心水族馆

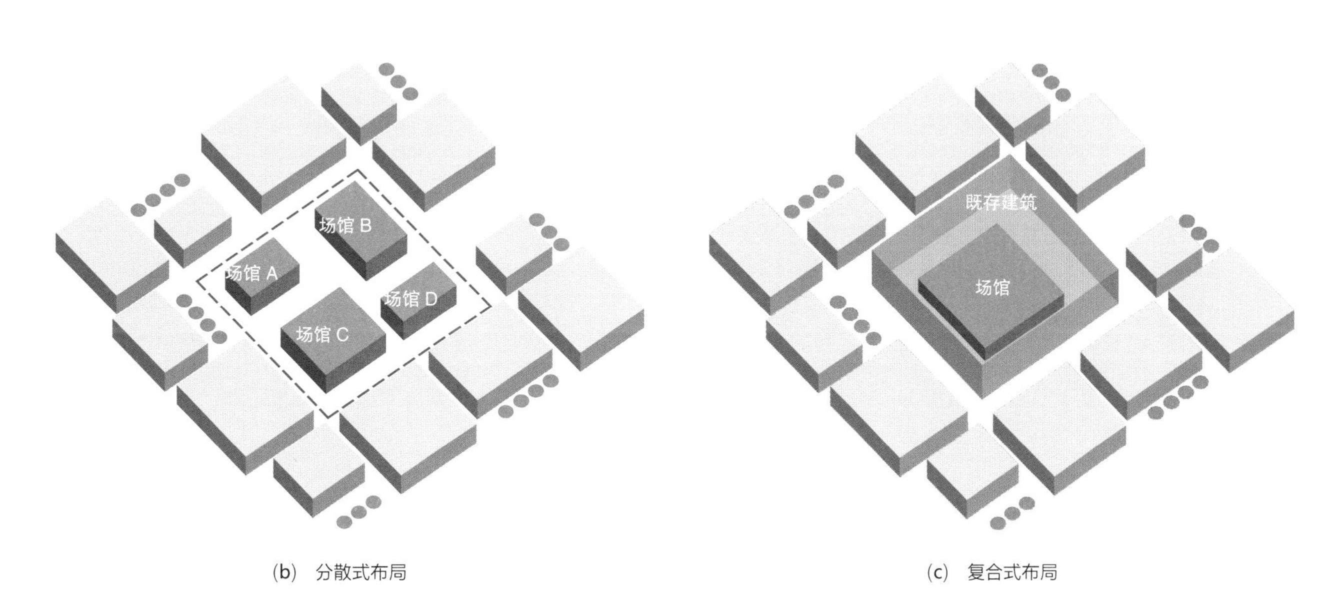

(b)　分散式布局

(c)　复合式布局

续图 18　海洋馆布局

2.3 总体布局

（1）海洋馆应布局合理、功能分区明确。

（2）场地主要出入口应考虑与城市公共交通顺畅衔接；停车场设置应交通便利；内部停车场与公共停车场宜分开设置，地下停车场应避免流线交叉；停车场的规模及停车数量应符合城市规划要求和海洋馆游客需求。

（3）参观流线、动物运输流线、后勤流线组织应合理；观众出入口应与动物、饵料运输出入口、工作人员出入口分开设置；饵料等后勤供应区域及动物废弃物等污染区宜设在下风侧。

（4）海洋馆室外景观是海洋馆的重要组成部分，应围绕海洋馆主题设计，以达到室内外统一的效果。

（5）总体布局应考虑海洋馆的未来发展需要，近期建设与远期规划相结合，适当留有备用地。

2.4 场地设计

从总体功能考虑，场地设计主要包括以下几个部分：海洋馆建筑（场馆）、游客集散广场、停车场、后勤场地、出入口等的设计，如图 19 所示。

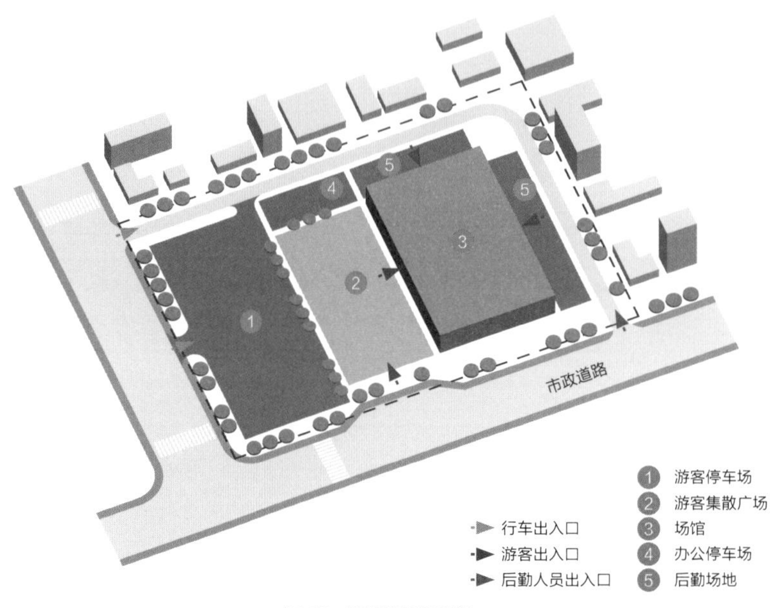

图 19　海洋馆场地设计

2.5 场馆布局

海洋馆场馆的布局根据建筑层数可分为平层布局（图 20）和多层布局（图 21）两种。

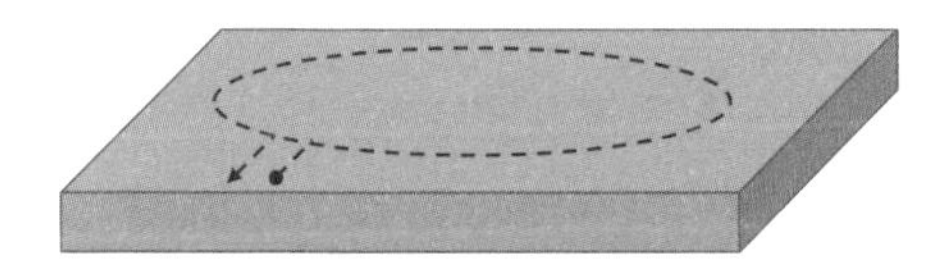

特点：应避免过多的竖向交通所产生的问题，设计便于游客观赏、动物运输、设备管理等；对建设场地的面积需求较大，适合城市远郊区的海洋馆
实例：淮安龙宫大白鲸极地海洋世界、新加坡 S.E.A. 海洋馆

图 20　平层布局

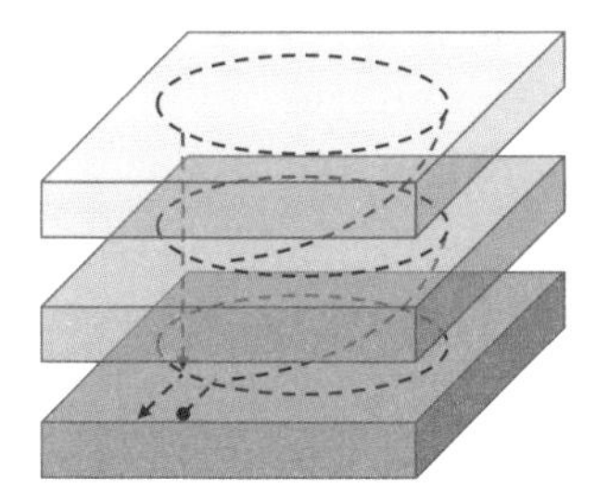

特点：更加节约建设场地，适合位于建筑密集地区、城市中心区的海洋馆
实例：上海海洋水族馆、大阪海游馆、釜山水族馆

图 21　多层布局

3. 设计原则

3.1 功能分区

海洋馆按功能可以分为前场和后场。前场服务主体为游客；后场则为前场提供服务支持与保障，见表 8。

表 8　海洋馆功能组成表

功能区	空间名称		设置条件及规模（㎡）								备注
			小型		中型		大型		超级		
前场区(30%~40%)	入口大厅	售票处	√		√		√		√		《旅游饭店星级的划分与评定》（GB/T 14038—2010）
		服务台	O		√		√		√		
		排队等候区	√	100	√	150	√	200	√	300	
	海洋动物展示区	珊瑚展区	√	300	√	300	√	300	√	300	
		海洋鱼类区	√	300	√	300	√	300	√	300	
		热带雨林主题区	√	300	√	300	√	300	√	300	
		海底隧道			√	300	√	300	√	300	
		水母区	√	300	√	300	√	300	√	300	
		精品虾蟹类	√	300	√	300	√	300	√	300	
		触摸池	√	300	√	300	√	300	√	300	
	极地动物展示区	企鹅区			√	400	√	400	√	400	20~30 只
		北极狐区	√	150	√	150	√	150	√	150	4 只
		北极狼区	√	150	√	150	√	150	√	150	4 只
		北极熊区					√	500	√	500	1 只
		海豹区	√	800	√	800	√	800	√	800	6~8 只
		鲸区					√	800	√	800	2 只
		豚区			√	800	√	800	√	800	2 只
	互动体验区	AI 体验区	O		√		√		√		
		儿童游乐区	O		O		√		√		
	秀场	白鲸表演区					√	1500	√	1500	2 只
		海豚表演区			√	2000	√	2000	√	2000	2 只
		海狮、海象表演区			√	1500	√	1500	√	1500	2 只
	游客服务用房	小件寄存处	O		O		√		√		《旅游饭店星级的划分与评定》（GB/T 14038—2010）
		餐厅	O	500	√	500	√	500	√	500	
		纪念品商店	√		√		√		√		《公用建筑卫生间标准图集 02J915》
		卫生间	√	150	√	150	√	150	√	150	《旅游饭店星级的划分与评定》（GB/T 14038—2010）
		母婴室	√		√		√		√		设独立母婴卫生间，面积不小于 20m²；设有两个以上婴儿台
后场区(60%~70%)	动物生命保障(40%)	维生系统	√		√		√		√		包括维生系统、医疗室、化验室、污水池、回水池、暂养池；内陆地区需另外加设盐库、化盐池、清水池
		大库			√	300	√	300	√	300	
		小库	√	120							
		冷库	√	100	√	200	√	300	√	500	
	设备用房	通用机房	√		√		√		√		基于市政常规设计，大机房比小机房面积大 20%
		电梯机房	√		√		√		√		
		变电间	√		√		√		√		
		休息室	√		√		√		√		
	员工用房	休息室	√	80	√	80	√	80	√	80	
		食堂	O	300	√	300	√	300	√	300	
		淋浴间	√	80	√	80	√	80	√	80	
		卫生间	√		√		√		√		
		更衣室	√	80	√	80	√	80	√	80	
		排练厅	O		√	150	√	150	√	150	
	行政办公		√	500	√	500	√	500	√	500	兼顾总经理室、财务、行政人事、劳资、储物空间

注：“√”须设置；“O”可设置；综合型及大型海洋馆功能设置较全，小型海洋馆功能及主题可以有取舍。

前场区的面积为海洋馆总面积的 30%~40%，因此海洋馆规模越小，其前场区占空间总面积越大（图 22）。

展缸区可以说是海洋馆前场区和后场区的交叉区域，是海洋动物的生存保障空间，与前场区仅隔一个展窗，并与后场区密切相连（图 23）。

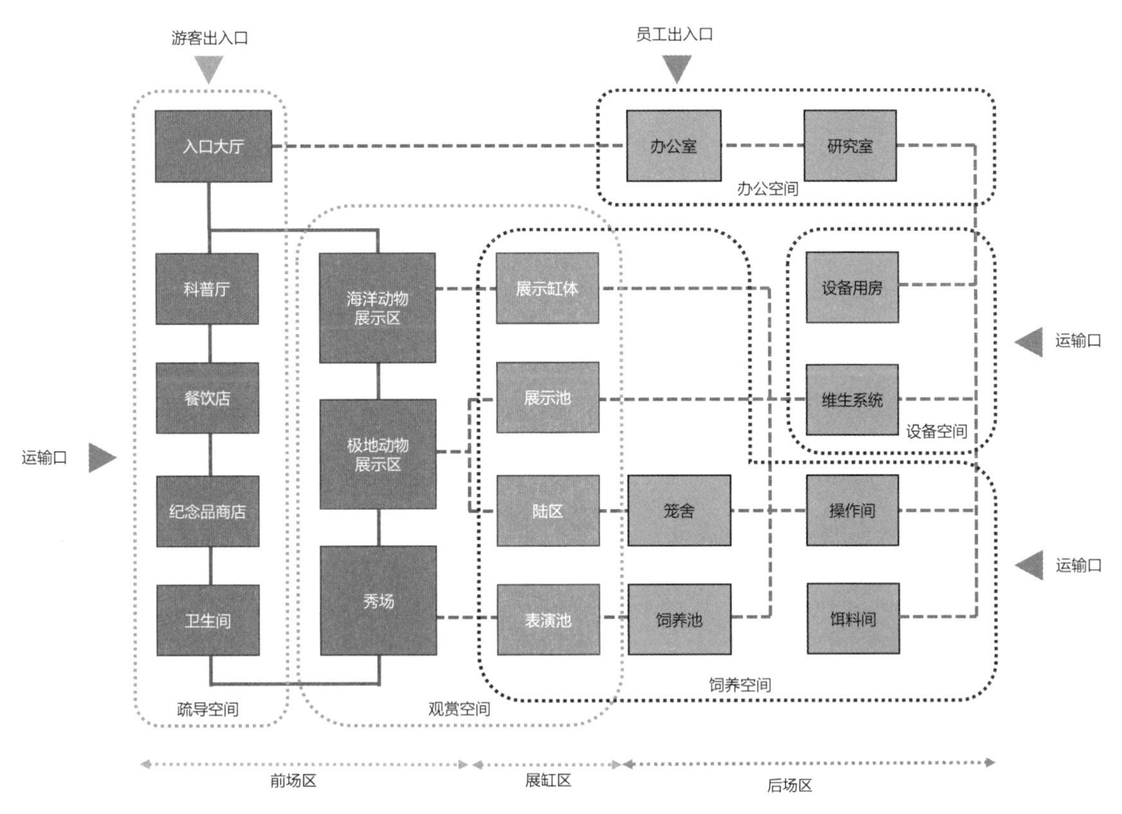

图 22　海洋馆功能分区

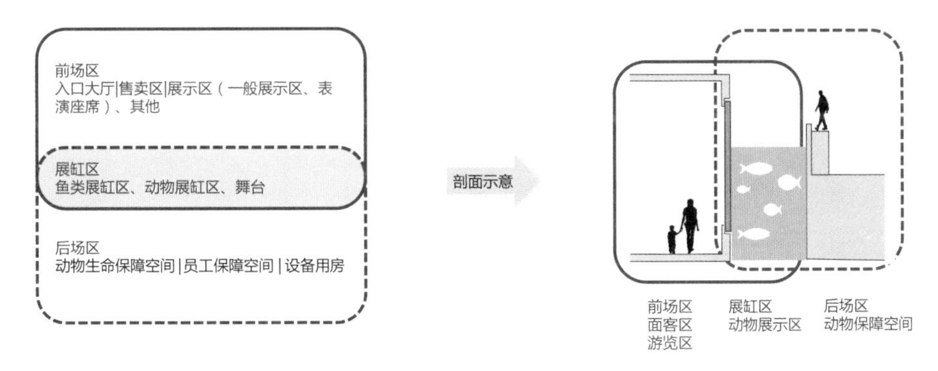

图 23　前场区 – 展缸区 – 后场区的关系

3.2 动线分类

表 9 列出了主要人流动线、物流动线及疏散动线（消防疏散）。

设计要点（图 24）：

（1）从方便展示内容及商业业态规划、维生系统布置以及节约空间和节省游客体力等因素考虑动线，环形动线设计最为合理。

（2）脉络清晰、宽度适宜，保证人流畅通；保证流线回路无死角；与出入口、消防通道顺畅连接。

（3）设置快速通道，方便游客快速抵达表演区，可考虑与消防通道共用，但快速通道的路程应比正常游览路程短。

（4）应考虑无障碍设计，游览动线应避免楼梯或增设无障碍通道，同时减少扶梯、直梯的设置，减少游客拥堵聚集，降低后期运营压力。

（5）注意后场区与前场区的分隔，避免游客及其他无关人员进入后场区。

表 9　海洋馆动线表

动线分类		说明	重要节点
人流动线	游客动线	分为外部动线和内部动线：外部动线主要联系外部道路及停车场进出；内部动线则包括从购票、寄存、检票、游玩及其他消费，直至出园过程中尽可能做到不走回头路	入口、大厅、售票厅、展示区、电梯等
	员工动线	员工进出场馆以及后勤服务的主要活动路线，分为水平动线和垂直动线	更衣、休息、表演场、饲养区、设备区、后勤服务电梯等
物流动线	动物运输动线	动物从进场馆到各自生活区域的动线	装卸区
	饵料运输动线	饵料从进场到库房再到动物生活区的动线	库房、饲养区、垃圾处理区
	货物动线	除动物及饵料外其他必要后勤物品运输动线	货梯、后勤通道等
	垃圾处理动线	独立、分开设置垃圾收集、清理、运输动线	各个垃圾收集和存放点
疏散动线		满足消防疏散、安全逃生用途的动线	疏散通道及楼梯间、安全出口

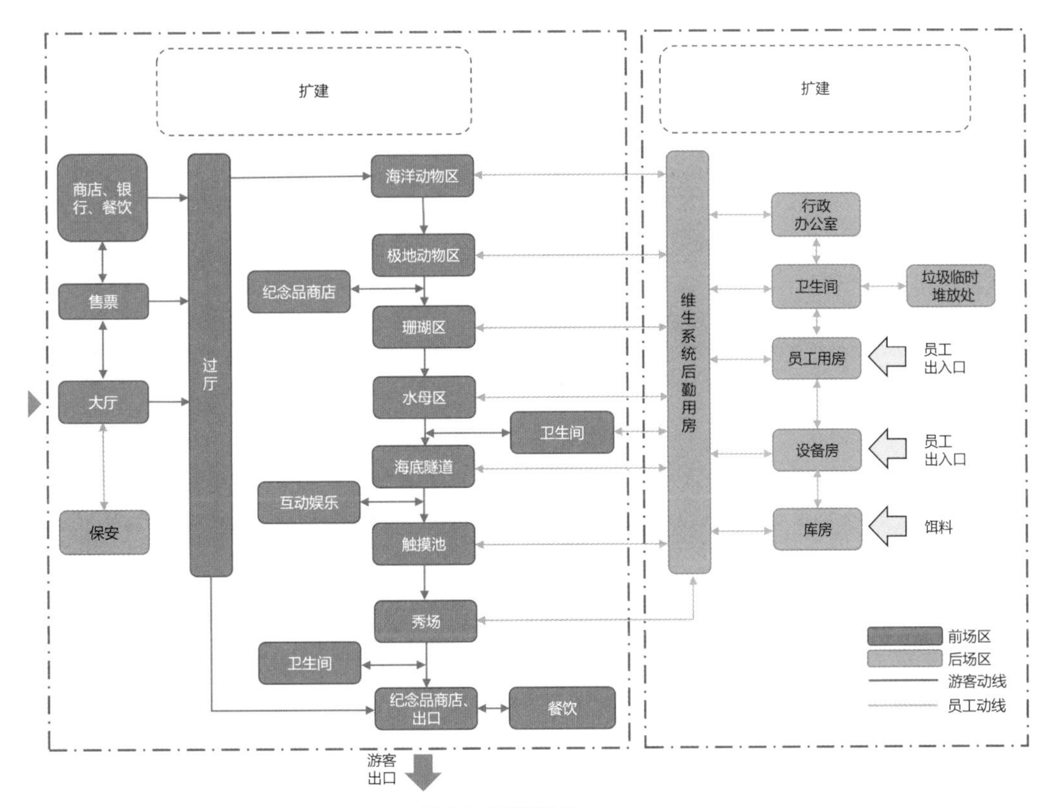

图 24　海洋馆动线

3.3 游览动线

海洋馆中游览动线可分为线形流线（图 25）和环形流线（图 26）两种。

特点：对游客导向性强，适用于分散式布局海洋馆，利于多馆连续观赏

实例：大连圣亚海洋世界、芜湖新华联大白鲸海洋公园、珠海长隆海洋王国

图 25　线形流线

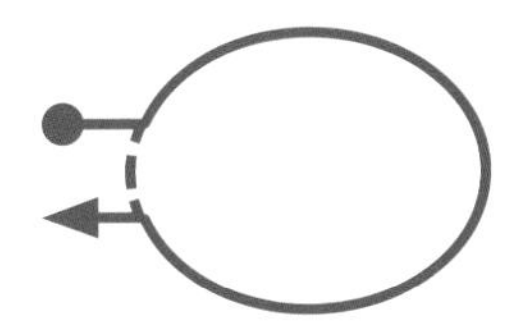

特点：便于游客返场，适用于集中式布局海洋馆，游客观赏后可返回原点

实例：哈尔滨极地馆、淮安龙宫大白鲸极地海洋世界、新加坡 S.E.A. 海洋馆

图 26　环形流线

4. 前场区设计

4.1 前场区

前场也称为面客区域，即游客在场馆内可到达的区域，前场区包括：入口大厅、展示区域、二销空间和其他辅助区域（卫生间等）。

4.2 入口大厅

入口大厅是从进入场馆到通过闸机正式开始游览之间的区域 。

设计要点：

（1）满足同行等候、咨询、寄存、购票、特殊需求（如讲解、无障碍要求）、验票等功能。

（2）设计售票窗口时需确定服务类型，优先设立好所需要的服务类型，根据预计客流量确立窗口的最大数量。

（3）建议将人工窗口预留排队等候区设置为 5 m 长，每个窗口前可站立等待人数为 12～15 人，最长等待时间约为 15 min。

（4）自动售票机是人工售票窗口处理速度的 6 倍，且售票量占总售票量的 50% 以上。

（5）作为咨询功能使用的服务台应设置于入口处或醒目位置，以便游客可以迅速找到。

（6）短形排队区的直线长度应控制在 20 m 以内，可在 15 m～20 m 处设置转角。预留排队区为高峰溢出人流提供排队区域，从而增加排队区容量，一般设置可移动式栏杆或绳索。

（7）休息座椅常设置于等候区后半段，用以缓解游客情绪。

（8）在大型设备等候区中可设置互动区、售卖点、景观节点等，用以缓解游客情绪。

（9）单个闸机的最低通行速度约为 30 人 /min。在此标准下，可承受高峰时段每小时通行 3600 人（散客）+1800 人（旅游团）。

4.3 一般展示区域

海洋馆一般展示区常见的以下几种方式（图 27 ~ 图 37）。

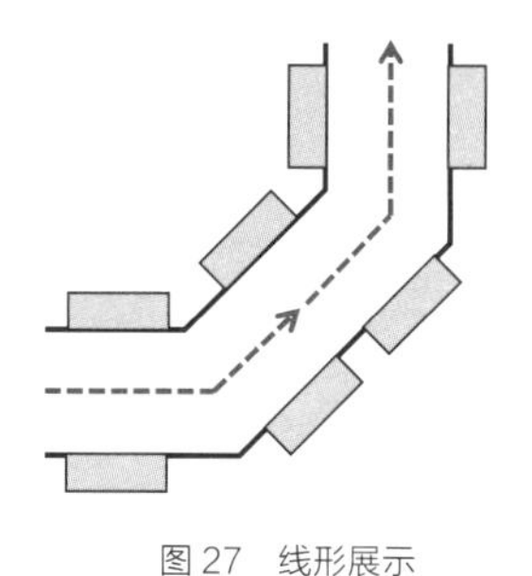

图 27 线形展示

（1）线形展示

线形展示是海洋馆内最常规的游览区域，不同类型的展示区并列展示，如精品展缸区、小型动物展示区域（图27、图28）。

图 28 精品展缸区

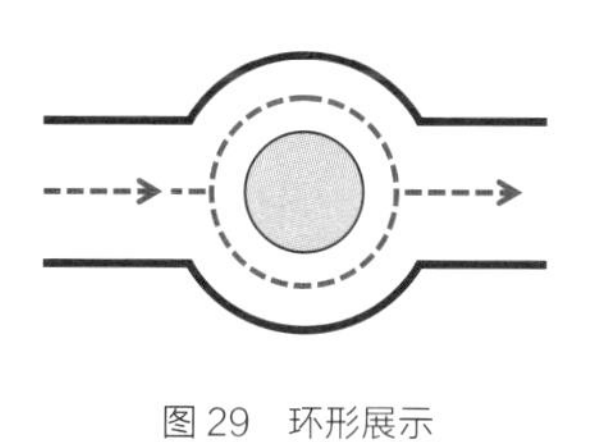

图 29 环形展示

（2）环形展示

环形展示多用于海洋馆内较大空间，如大厅中心区的大型柱形展示鱼缸（图 29、图 30）。

图 30 大型柱形展示鱼缸

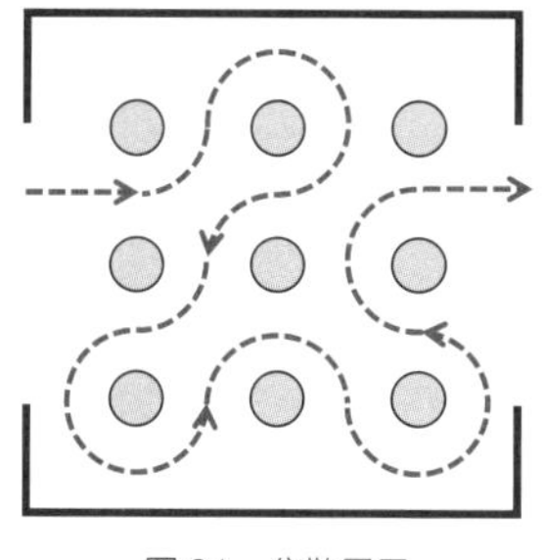

图 31 分散展示

（3）分散展示

分散展示常用于水母区展示，由多个柱形展示缸组成的展示空间（图 31、图 32）。

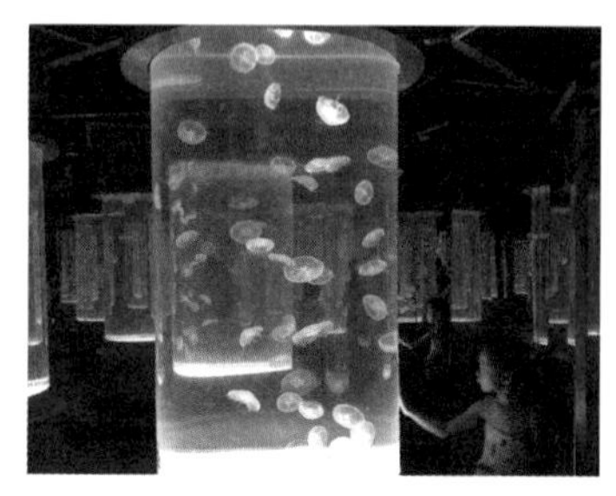

图 32 水母柱形展示缸

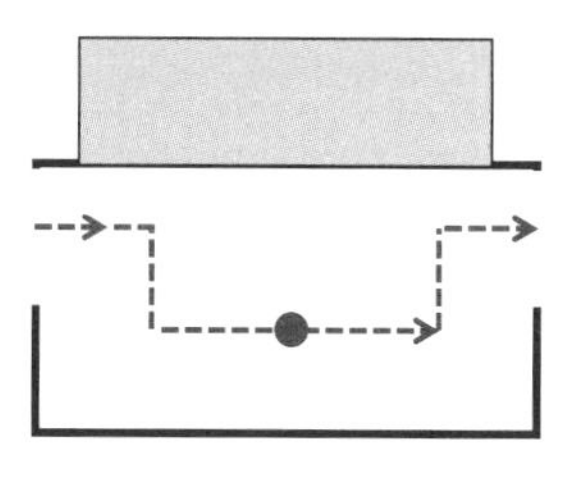

图 33 节点展示

（4）节点展示

海洋馆内大型游览区域，可使游客长时间驻足观赏的空间，如鲨鱼区、极地动物区、水下表演观赏区等（图 33、图 34）。

图 34 水下表演观赏区

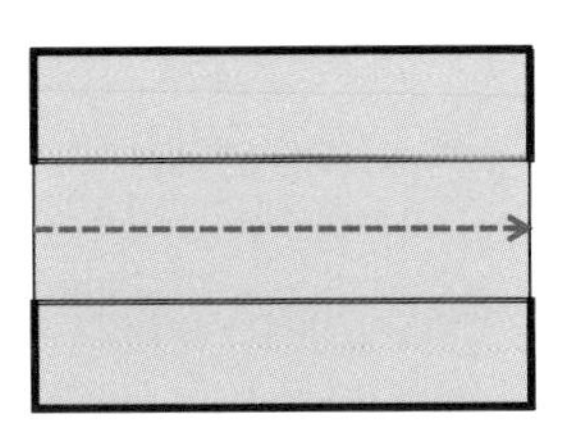

图 35　环绕式展示

（5）环绕式展示

贯穿水体的海底隧道，是海洋馆内最具震撼的游览区域之一（图 35、图 36）。

图 36　海底隧道

大连圣亚海洋世界

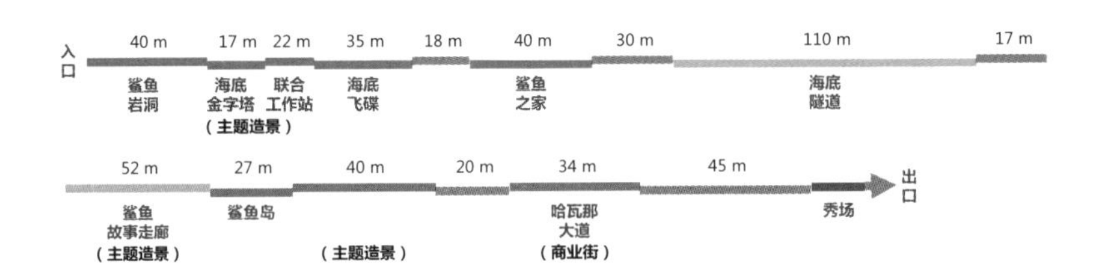

哈尔滨极地馆

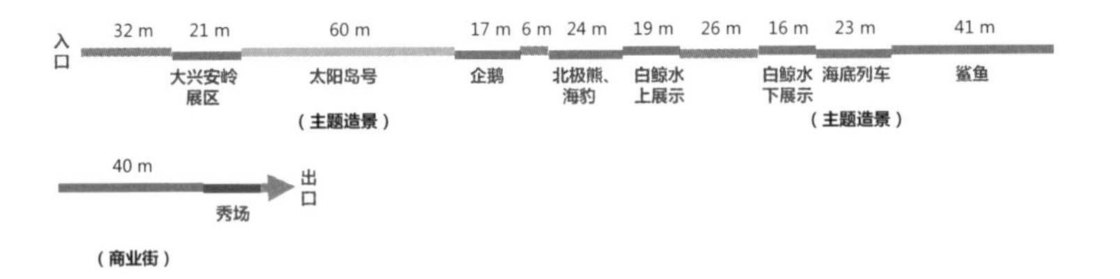

淮安龙宫大白鲸极地海洋世界

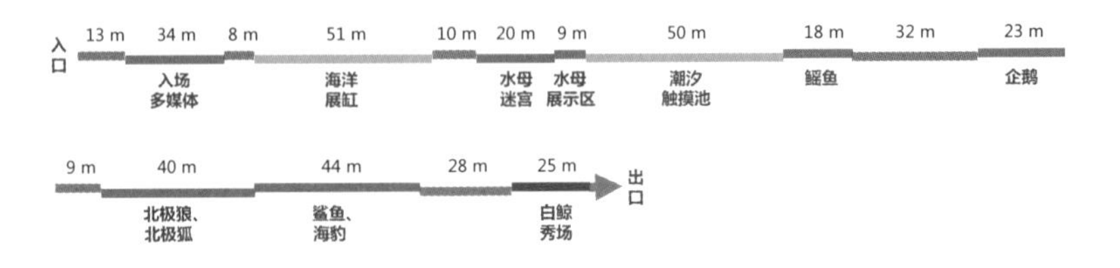

芜湖新华联大白鲸海洋公园

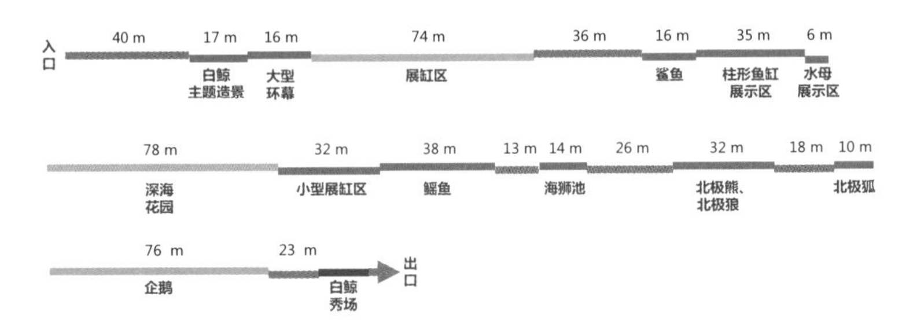

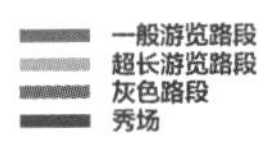

图 37　海洋馆游览动线

对游客在海洋馆各个区域的游览时长进行考察分析，得出影响其最为直观的因素为单体区域面积及区域内展缸展示面总长度。

通过分析游客在各区域停留的时间，按照吸引游客强度划分区域等级，见表 10。

对各个区域游客的数量进行统计，结合各区域面积，得出海洋馆游览区人均面积的评价，总结见表 11、图 38。

表 10　海洋馆浏览时长总结表

区域级别	影响因素	游览时长 (min)	备注
一级强度区域	区域面积：100 m^2 以内 展缸展示面总长：10 m 以内	≤ 3	游客游览时长受展示缸体的尺寸、游客量等多种因素的影响，这只作为游览观测数据结论
二级强度区域	区域面积：100 m^2~200 m^2 展缸展示面总长：10 m~20 m	3~5	
三级强度区域	区域面积：200 m^2 以上 展缸展示面总长：20 m 以上	>5	

注：① 一级强度区域为海洋馆流线上非主力打造的区域，多用于过渡以及衔接主力区域（小型水体体、小型动物展示等）；
② 二级强度区域为海洋馆流线上第二主力区域，在流线上出现最多的区域，能吸引游客停留及拍照留念（精品缸、长廊、北极狼、北极狐等）；
③ 三级强度区域为海洋馆最核心的主力展示区，极具吸引力，可长时间逗留，使游客印象深刻（海底隧道、超大型展示面等）。

表 11　海洋馆游客密度评价

人均占有面积（m^2/ 人）	游览状态	评价	备注
<2	行进缓慢，观赏效果差	拥挤	海洋馆展示区游客站位特点明显，游客易聚集在展示物面前，以至于局部拥挤较为明显
2~3	行进较自由，观赏效果良好	正常	
>3	行进自由，观赏效果良好	畅通	

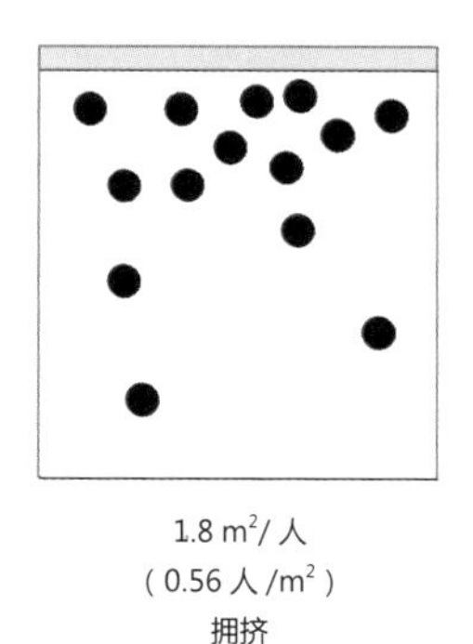

1.8 m^2/ 人
（0.56 人 /m^2）
拥挤

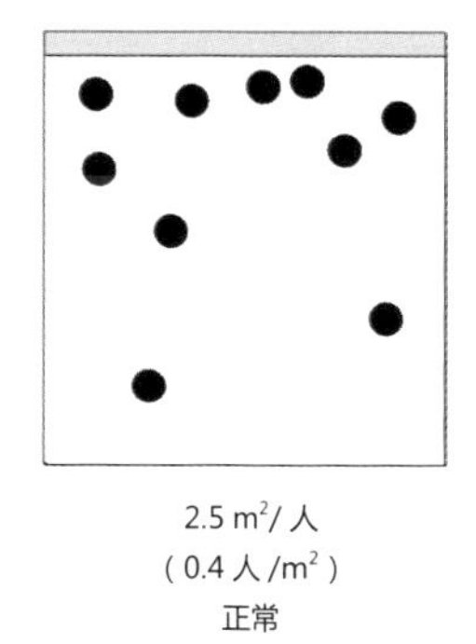

2.5 m^2/ 人
（0.4 人 /m^2）
正常

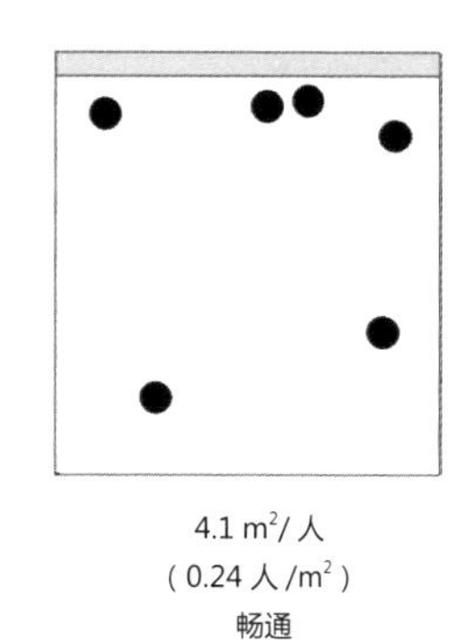

4.1 m^2/ 人
（0.24 人 /m^2）
畅通

图 38　25 m^2 展示区的三种不同状态

4.4 秀场观众席（表 12、表 13、图 39～图 43）

供游客观赏演出的空间，其中座椅设置不仅具有舒适、牢固等特点，还能满足声学设计要求；座椅的排布应尽可能让观众看到完整的表演区或至少 80% 的表演区。

设计要点：

（1）非独立表演场应在靠近入口处设有快速通道，方便游客进场后直接到表演场观看表演。

（2）建议白鲸水下表演训练区的池边平台高出水面 0.3 m 左右。

（3）水池安装可升降爬梯（方便刷池或医疗等需要到水池下的工作）。

（4）白鲸水下表演的水池四周设计一圈 4 m 宽迦叶式平台，方便工作人员操作。

（5）动物生活区前场化，如地面平整，路线顺畅，布置小品、装饰画等，烘托动物生活的环境，水池边有宽 2 m 平台，避免游客与动物互动时有柱子干扰视线。

（6）看台区层高应不小于 9 m 。

（7）训练区地面与水面高差不超过 0.3 m；有宽敞的互动平台（浅水平台和训练平台），游客可以进行拍照等互动体验。

（8）可设置人员互动区域配套设施，如换衣间、淋浴间、浅水互动台；设置围栏，确保动物和游客之间的安全距离，并防止动物逃逸。

表 12　秀场表演池占比列表

秀场所在场馆	游客区占比	表演池占比
大连圣亚海洋世界	52%	16%
哈尔滨极地世界	53%	10%

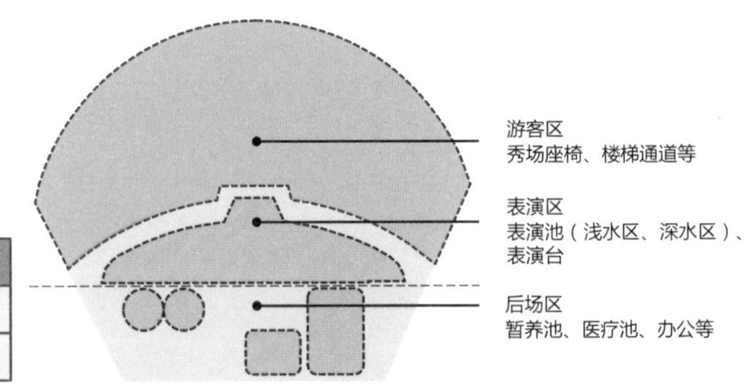

图 39　秀场区布局

表 13　座席种类列表

座席种类及规格	无背条凳	无背方凳	有背硬椅	有背软椅	活动软椅	扶手软椅
座宽（mm）	420	450	480	500	550	600
排距（mm）	720~850	750~850	800~850	850	850~1000	850~1200
座高（mm）	350~550					

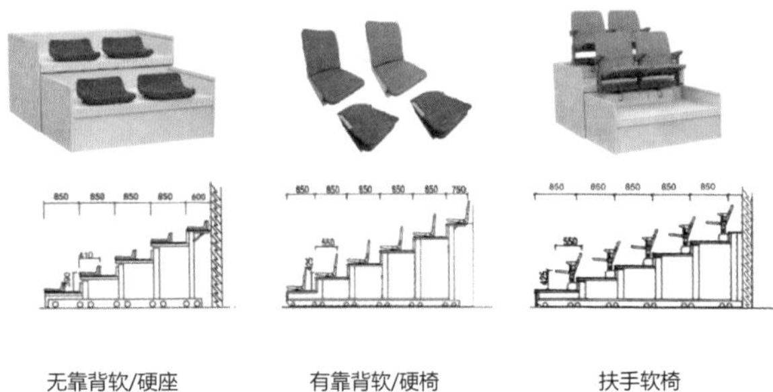

图 40　厂家实例

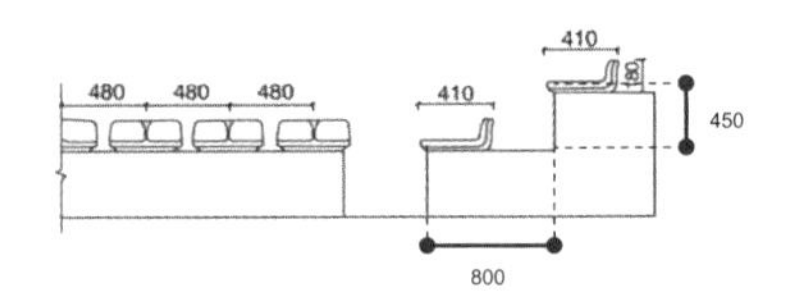

图 41　方案设计建议尺寸

秀场疏散距离为 37.5 m。疏散通道宽度应不小于 1 m，边走道净宽不小于 0.8 m。设计一个独立的安全出口和疏散楼梯，采用防火隔墙和甲级防火门与其他区域分隔。每百人的疏散宽度（阶梯地面）应不小于 0.75 m。

座席布置上，横向走道不宜超过20排，纵向走道不宜超过22个；前后排座椅的排距大于0.9 m时，可增加一倍，但不得超过50个；仅一侧有纵向走道时，座位数应减少11座。有固定座位的场所，疏散人数可按实际人数的1.1倍计算。

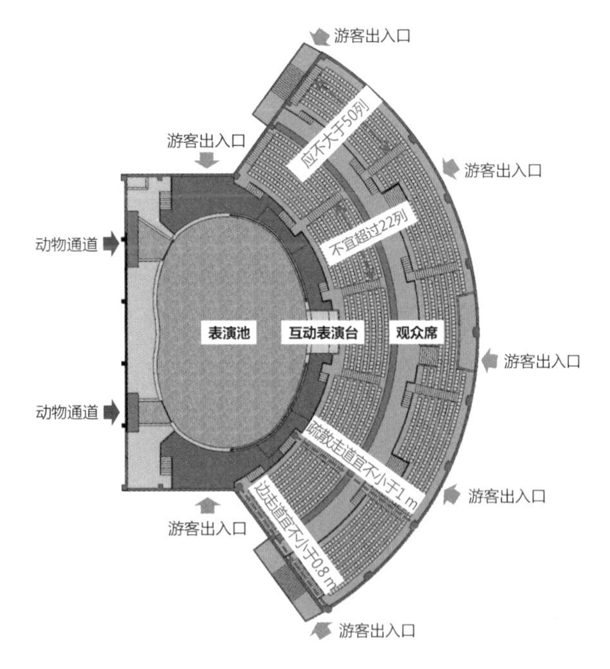

图 42　海洋馆秀场平面图

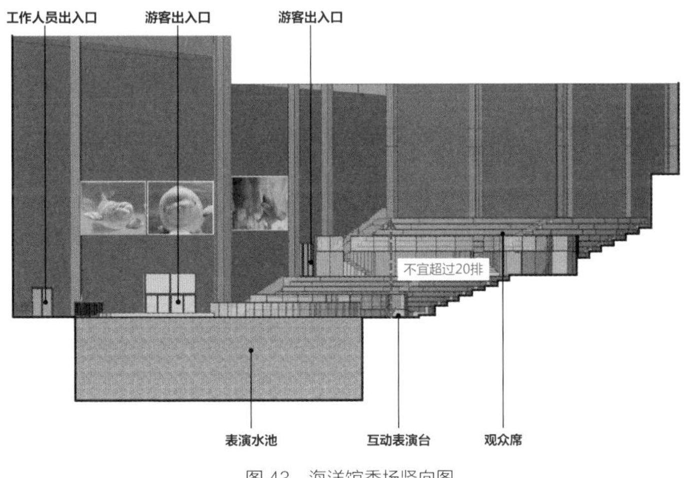

图 43　海洋馆秀场竖向图

4.5 二销空间（图 44）

设计要点：

（1）约 1 小时游程的位置可设置简餐区，建议面积在 20 m^2 以上，宜设置休息区；3~4 小时游程位置可设置集中餐饮购物区。

（2）表演场附近可设置餐饮区，建议面积在 20 m^2~200 m^2。

（3）纪念品商店可设置在游客必经区，若分散设置，可设置在重点或亮点展区（包括表演场）附近，每处面积在 20 m^2~30 m^2。

（4）提前规划白鲸、海豚、海象、海狮、企鹅等“明星”动物的周边，作为二次消费产品的运营模式，如喂食、伴游、合影等。

（5）表演散场后，可在游客必经区设置集中购物区，需有主次通道，保证客流畅通。

（6）游览结束后，宜设置集中餐饮、购物区。

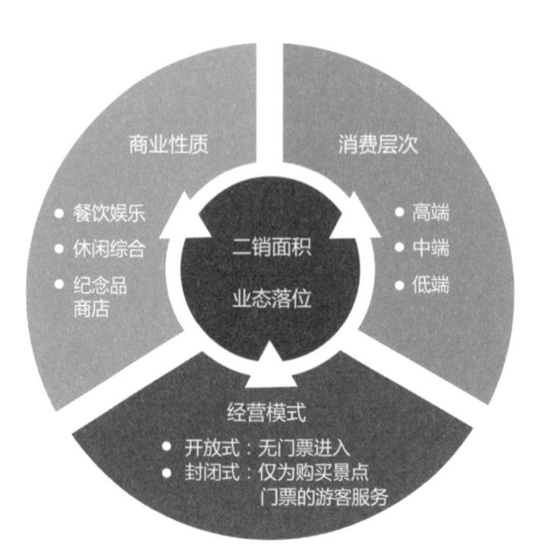

图 44　二销空间规划

4.6 前场配套空间（图 45、图 46）

卫生间的配置间距及规格：

根据《旅游区（点）质量等级的划分与评定》（GB/T 17775—2003），卫生间的总数应为旺季日均游客接待量的千分之五以上。游客步行 7~15 min 应设置一个卫生间，因此：

（1）游客高度密集地带，单个卫生间的辐射半径应小于 500 m（建议为 300 m ~ 500 m）。

（2）游客量小的景区地带，游客流游览动线上的卫生间的间距应小于 800 m（建议为 500 m ~ 800 m）。

人数	卫生间蹲位数量	
	男卫生间	女卫生间
< 100 人	每 25 人一个蹲位	每 20 人一个蹲位
> 100 人	每增加 50 人，增设一个蹲位	每增加 35 人，增设一个蹲位

注：根据蹲位数量可估算出卫生间面积参考值。

范围内人数（单位：人）0　100　200　300　400　500　600　700

蹲位数量（单位：个）0　2　4　6　8 9　10　12　14　16　18　20　24

卫生间参考面积（单位：m^2）0　20　60　70　80　90　100　110

蹲便间（一间）　1.2 m×1.5 m=1.8 m^2
洗手台及过道　0.8 m×2 m=1.6 m^2
小便池及过道　1.2 m×2 m=2.4 m^2

图 45　景区卫生间配置

需求项	备注
男卫生间	蹲便、坐便、小便器
女卫生间	蹲便、坐便
管理间	≥ 4 m^2
工具间	≥ 1 m^2
盥洗室	洗手设备、净手设备、干手设备、面镜
设备间	可用于放置弱电设备，也可放置风干机（用于吹干男、女卫生间地面）
造型景观	主题元素故事线等平面或造型景观
公区空间	开场明亮可设置等候区或其他功能区
无障碍通道	合理规范，保证无障碍通行
其他	多媒体广告，或指示牌导视系统

图 46　3A 卫生间标准组合

5. 展缸设计

5.1 展缸

展缸是海洋馆中展示的海洋动物的生活空间，既要向游客展示海洋动物的生活，又要连通用以保障动物生存的后场设备。

5.2 展缸样式

（1）水面展示缸特点（图 47）

- 从水面观赏海洋动物，由于视线角度的局限性，因此对展示动物品种有一定的要求；
- 常用于海洋馆流线中的起始阶段，作为故事线的序章部分展现。

动物选择：海洋鱼类、海龟、海星等浅滩动物；白鲸、海豚等鲸豚类。

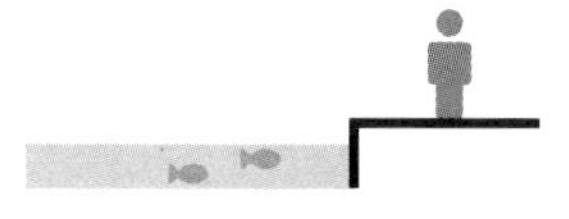
图 47　水面展示缸

（2）浅滩展示缸特点（图 48）

- 从水面及侧面观赏海洋动物，还可以观赏动物在陆地的活动；
- 常用于展示两栖动物，可与陆地植物同时展示。

动物选择：步行鲇、弹涂鱼等可在陆地活动的浅滩动物；海狮、海豹等海兽类。

图 48　浅滩展示缸

（3）触摸池特点（图 49）

- 能直接触摸到展示动物、可与游客互动的展示方式；
- 通常会配置解说员，为儿童考虑设置台阶，附近宜设置盥洗区。

动物选择：海星、虾贝、海葵、鳐鱼、海龟等可触摸的动物。

图 49　触摸池

（4）精品展缸特点（图 50）

- 是海洋馆内数量最多的展示方式；
- 水体量在 1 t 以内，可实现短期展示，定期更换展示动物及主题选景；
- 可根据条件为儿童设置台阶。

动物选择：小型鱼类、虾、蟹、水母、珊瑚等。

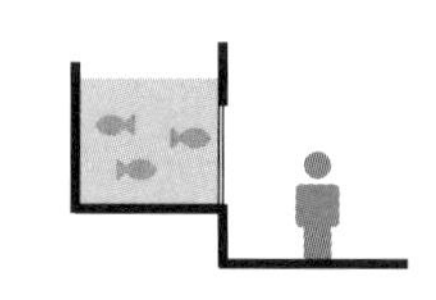
图 50　精品展缸

（5）大型展缸特点（图 51）

- 可根据需求做成大型或超大型的展示面，观赏效果更加震撼；
- 可做平面展示或弧形展示面。

动物选择：适合几乎所有海洋动物，大型海洋动物效果更佳。

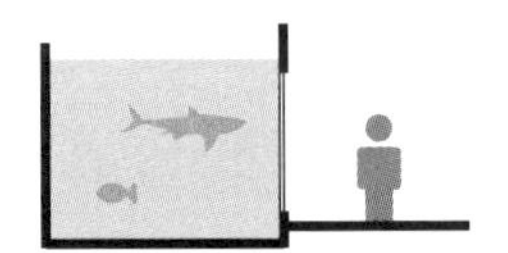
图 51　大型展缸

（6）弧形展缸特点（图 52）

- 利用弧形亚克力作为展示窗口，使水体高于游客头顶，游客可站立在水体下面观赏；
- 可在弧形展示面处做投喂表演。

动物选择：企鹅、北极熊等极地动物以及大部分海洋动物均可。

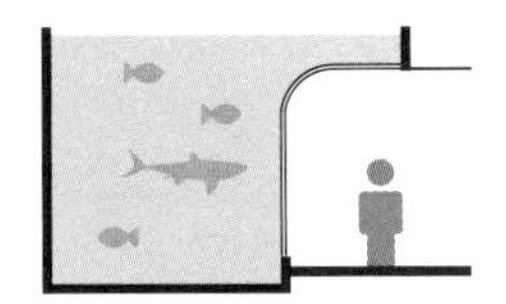
图 52　弧形展缸

（7）L 形展缸特点（图 53）

- 利用亚克力板做成铺装，游客可以站在水面上；
- 游客脚下的亚克力板外侧需做保护处理，防止磨损。

动物选择：适合大部分海洋动物，鲨鱼、鳐鱼等大型鱼类的效果更佳。

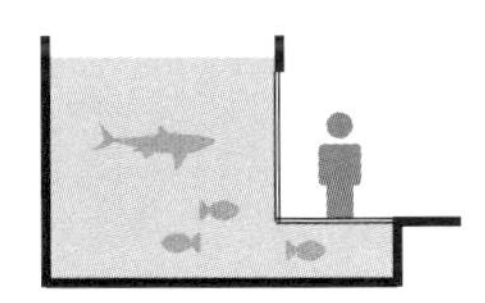
图 53　L 形展缸

（8）半包围式海底隧道特点（图 54）

- 海底隧道是最视觉冲动的展示手法之一，仿佛使游客漫步在海底世界；
- 地面安装传送带装置，可在此做投喂表演。

动物选择：适合几乎所有海洋动物，大型海洋动物效果更佳。

图 54　半包围式海底隧道

（9）全景式海底隧道特点（图 55）

- 海底隧道的进化型，全部采用亚克力打造，加强游客的体验感；
- 为了鱼类能在随着上下游动，宜将隧道设计成相对扁平的椭圆形。

动物选择：几乎适合所有海洋动物，大型海洋动物效果更佳。

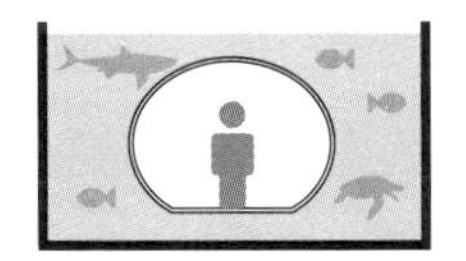
图 55　全景式海底隧道

（10）地面展缸特点（图 56）

- 可在游客流线的部分区域不安装照明设备，仍可以保证良好的观赏水体；
- 在相对较暗的空间设计一段缓冲区域。

动物选择：适合小型鱼类的展示。

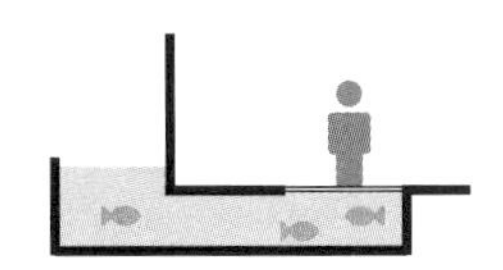
图 56　地面展缸

（11）斜面展缸特点（图 57）

- 可以更好地观察海底沙子中潜藏的动物；
- 只需要较少的水量，还可结合科普教育类展示。

动物选择：适合比目鱼、章鱼等颜色多变、常埋藏于沙子中的动物。

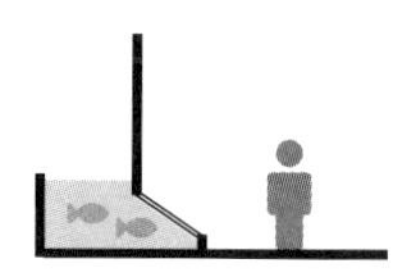
图 57　斜面展缸

（12）柱形展缸特点（图 58）

- 圆柱形展缸，与水体量相同的其他形状展缸相比最为经济，且对动物危害最小；
- 宜设置在大厅中央，可多角度观赏。

动物选择：常用来展示水母，也可展示小型或中型鱼类。

图 58　柱形展缸

（13）仰视展缸特点（图 59）

- 游客可以站在水体下面观赏水里的景象；
- 为保证观赏效果，对展缸内的照明和微风造浪装置有一定的要求。

动物选择：适合常在水面栖息的动物，水母等透光的动物观赏效果更佳。

图 59　仰视展缸

（14）双层展缸特点（图 60）

- 设内、外两层：外层为小型鱼群，内层为大型海洋鱼类，形成有层次的深海景象；
- 由于其多层展示面，适合近距离观赏。

动物选择：几乎适合所有海洋动物。

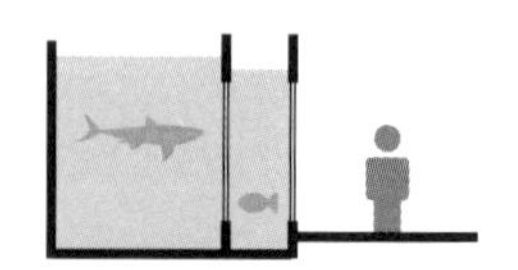
图 60　双层展缸

（15）复合展缸特点（图 61）

- 由多层展缸组合成的复合型展示缸体；
- 观赏方式多样、趣味性强，但整体造价较高。

动物选择：适合喜欢长时间游动的海洋动物，如企鹅、海豹等极地动物。

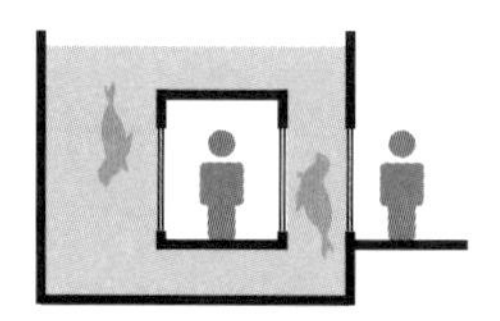
图 61　复合展缸

5.3 展示面材质

弧形亚克力板是经加热弯曲而成的，可制作的单块亚克力最大尺寸见表 14。超过尺寸范围的则需要多块亚克力板拼合，如图 62 所示。

表 14　亚克力与钢化玻璃对比表

项目	亚克力	钢化玻璃
厚度 (mm)	50~400	20
单片尺寸 (m)	3×8 （超出尺寸需定制）	6.8×2.4 （超出尺寸需定制）
适用范围	所有缸体	小型缸体
异形加工难易度	容易	困难 （需先按设计形状开模）
属性	有机玻璃	安全玻璃、预应力玻璃
特性	由甲基丙烯酸甲醛聚合而成的高分子化合物，具有较好的透明性、化学稳定性、力学性能、耐候性，易染色、易加工	通过钢化方法提高玻璃承载力和抗冲击性能；厚度小于 20 mm，价格低于亚克力

注：① 展示面（亚克力、玻璃钢）所承受的压力及荷载主要由水深、缸体的形状（平直、异形）以及连接处所受压力等因素决定，需严格计算后确定其厚度；
② 钢化玻璃厚度超过 20 mm 时要进行夹胶处理，否则会影响透光率。

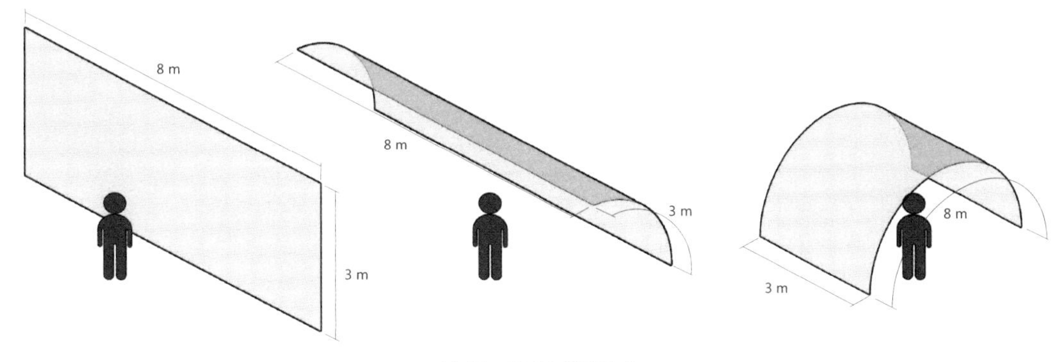

图 62　亚克力常规尺寸

5.4 水体量

水体量不仅是展窗设计的重要参考数据，也是计算后场所需场地面积和维生系统配置的必要参数。水体量计算要先确定海洋动物的最小水平尺寸（简称 MHD 值），进而计算出池深，以此方法可以计算出饲养池、医疗池、化盐池、盐水池、回水池等水体量的数据，见表 15。

表 15 海洋馆参考数据表

项目	缸体类别	数量	缸体尺寸			水深（m）	水体量（m³）	备注
			长（m）	宽（m）	底面积（m²）			
白鲸馆	巨型展缸	1	20	20	400	6	2400	白鲸数量：4 只
	暂养池	2	6	6	36	4.5	324	
	医疗池	1	6	6	36	3.5	126	
企鹅馆	大型展缸	1	13.5	4	54	1.2	27.8	企鹅数量：20 只，其中企鹅陆地展示区的面积为 30.8 m²
海兽剧场	表演池 1	1	20	7	140	2.5	350	海象 1~2 只、海狮 6~8 只
	表演池 2	1	*r* =1.5		7.1	2.5	17.7	
	暂养池 1	1	5.5	2.5	13.8	2.5	34.4	
	暂养池 2	1	5.5	2.5	13.8	2.5	34.4	
大型水体展示	巨型展缸	1	*r* =12		452	5	1560.2	其中海底隧道 99 m²，缸体内造景约占水体的 20%
水母迷宫	中型展缸	3	3	0.6	1.8	1.5	8.1	
	水母柱	7	*r* =0.6		1.1	1.5	11.6	
珍奇类展示	小型展缸	3	1.2	0.6	0.7	1.5	3.2	
	中型展缸	6	2	1	2	1.5	18	
	大型展缸	1	4	1.2	4.8	2	9.6	
虾蟹类展示	小型展缸	1	1.2	0.6	0.7	1.5	1.1	
	中型展缸	4	2	1	2	1.5	12	
	大型展缸	2	4	1.2	4.8	2	19.2	
珊瑚类展示	大型展缸	3	4	1.2	4.8	2	28.8	
鲨鱼展示	大型展缸	1	15	6	90	1.2	108	
鳐鱼互动池	大型展缸	1	20	6	120	0.6	72	
合计		42					5166.1	根据方案设计估算

图 63 以 2 只瓶鼻海豚为例，根据其体长来确定饲养池最小水体量，若要使其同时具有观赏和表演的双重功能，可以根据池深计算出附加功能后的最小水体量，也可以计算出配套水池的水体量，如图 64 所示。

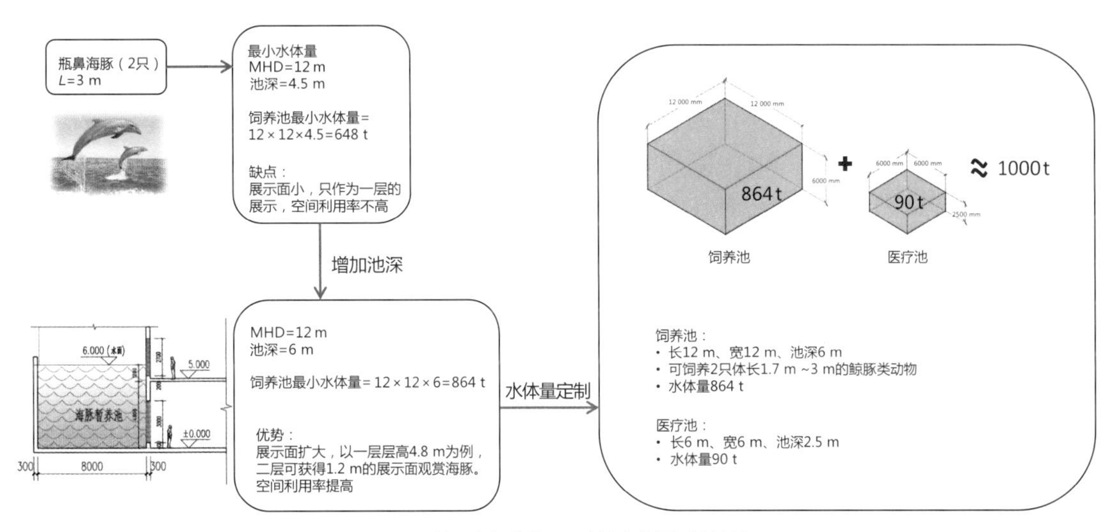

图 63　鲸豚类饲养池及医疗池水体量设计过程

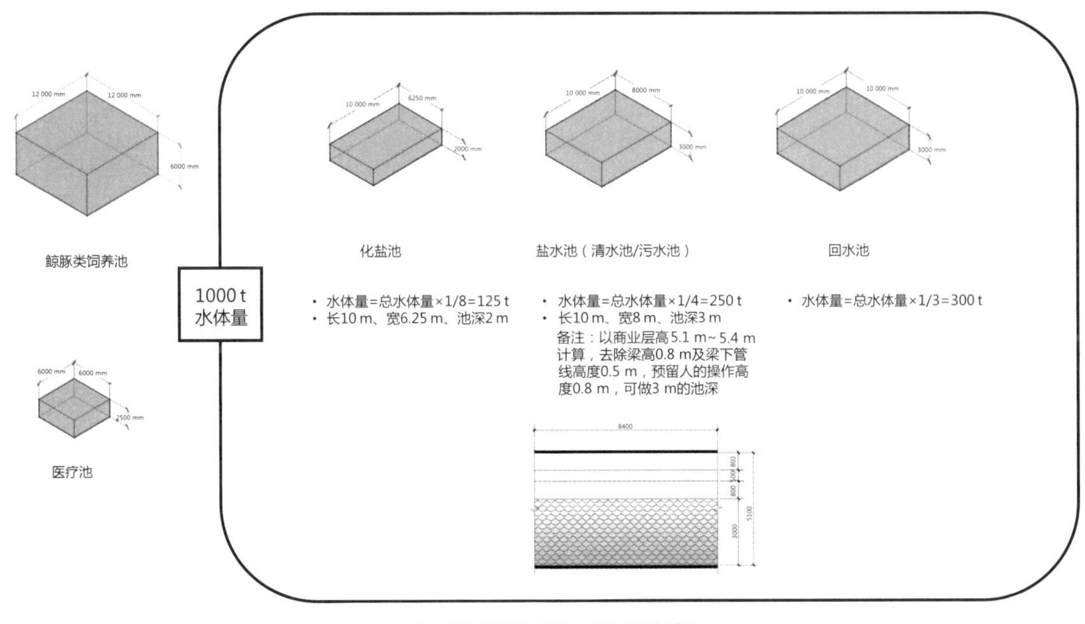

图 64　鲸豚类配套水池水体量设计过程

5.5 节点做法

（1）精品缸展示区设计要点，如图 64 ~ 图 66 所示。

- 设计考虑降低成本，精品展缸的缸体材料采用钢结构与聚丙烯板相结合，展示面采用钢化夹胶玻璃；
- 精品展缸的后场为独立的维生系统，其主要包括集成维生设备、沙缸过滤器、沙缸供水泵；
- 后场设置马道，方便投喂和检修；
- 适合中小型海洋动物，水体量可根据所选动物的体型和数量设计。

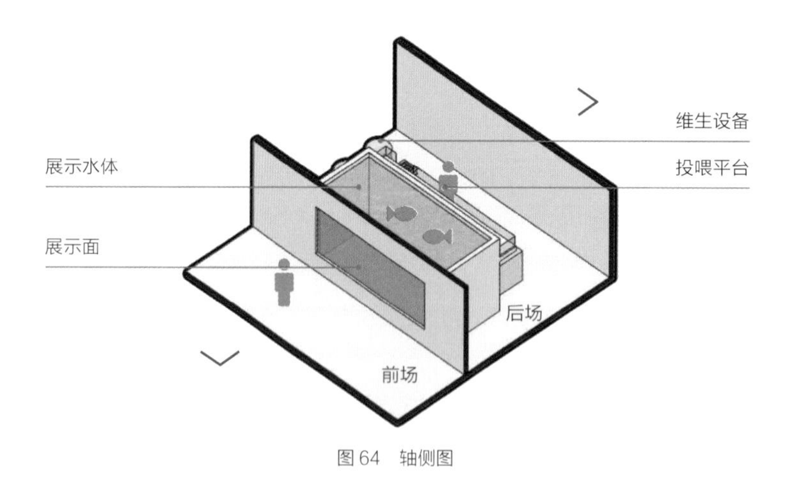

图 64　轴侧图

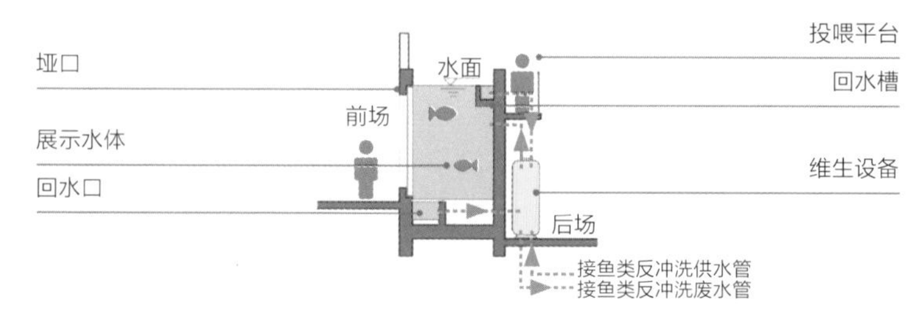

图 65　剖面图

图 66　精品鱼类展示

（2）触摸池设计要点，如图 67 ~ 图 69 所示。

- 建议水深 0.5 m；
- 用钢化玻璃做展示隔断，总高为 0.6 m、玻璃底边距地面 0.3 m，方便游客触摸；
- 主要展示海星、虾贝、海葵、鳐鱼、海龟等可触摸的海洋动物。

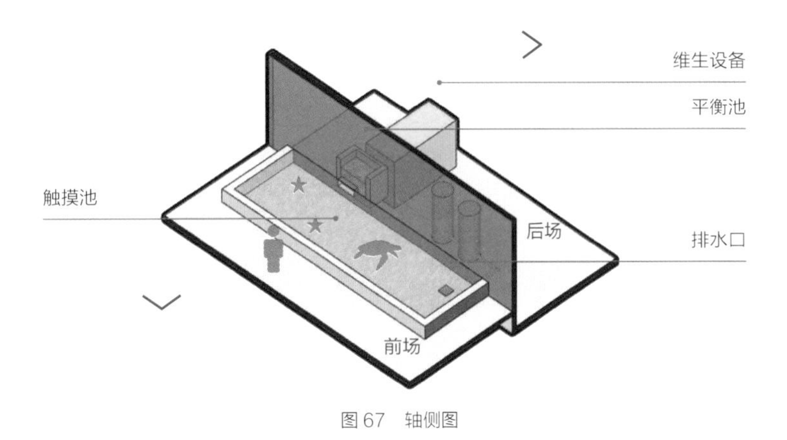

图 67　轴侧图

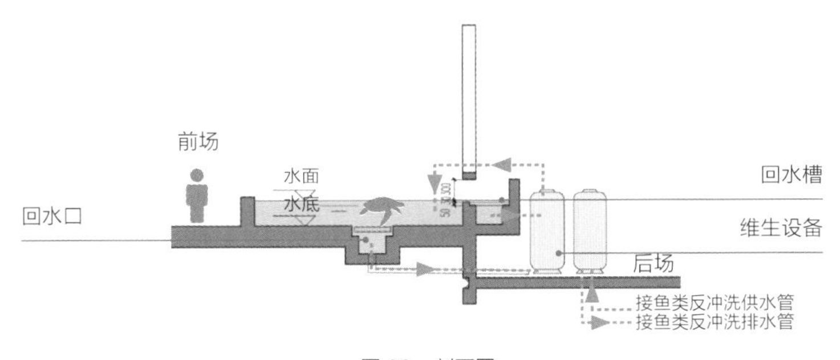

图 68　剖面图

图 69　海星触摸池

（3）狼、狐展示区设计要点，如图 70 ~ 图 72 所示。

- 建议展示区面积为 30 m^2、笼舍面积为 15 m^2。前、后场要有给排水及地沟，便于清扫；
- 玻璃展面建议高度为 2.2 m ~ 2.3 m，展窗玻璃下缘距离地面 0.3 m ~ 0.5 m；
- 北极狐体型较小，应设计一些立体攀爬空间（材料表面摩擦力要大），提升展示效果；
- 后场设置金属笼舍，地面抬高 0.1 m ~ 0.2 m；
- 因笼舍气味较大，建议单独设立空调机房，单独处理排风。

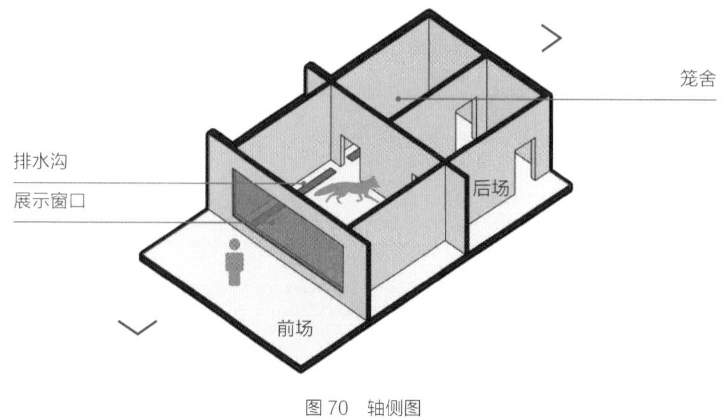

图 70　轴侧图

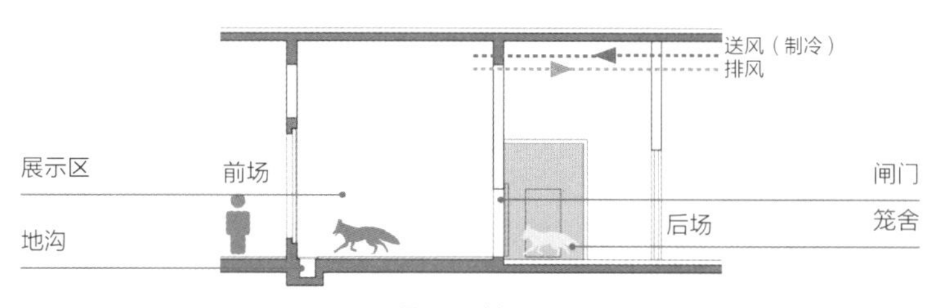

图 71 剖面图

图 72 北极狐展示

（4）鲨鱼展示区设计要点，如图 73、图 74 所示。

- 建议水深 4.5 m，设置升降梯，便于清理水池；
- 池底均匀布置进回水；
- 面向游客的水池上方平台宽 1.7 m，高于水面 0.3 m，便于操作；
- 水体上方封闭并设置投喂马道；
- 建议展窗玻璃高 2.2 m ~ 2.3 m，底边距离地面 0.5 m；
- 游客通道的光线应弱于展缸，保证展缸内的观赏亮度。

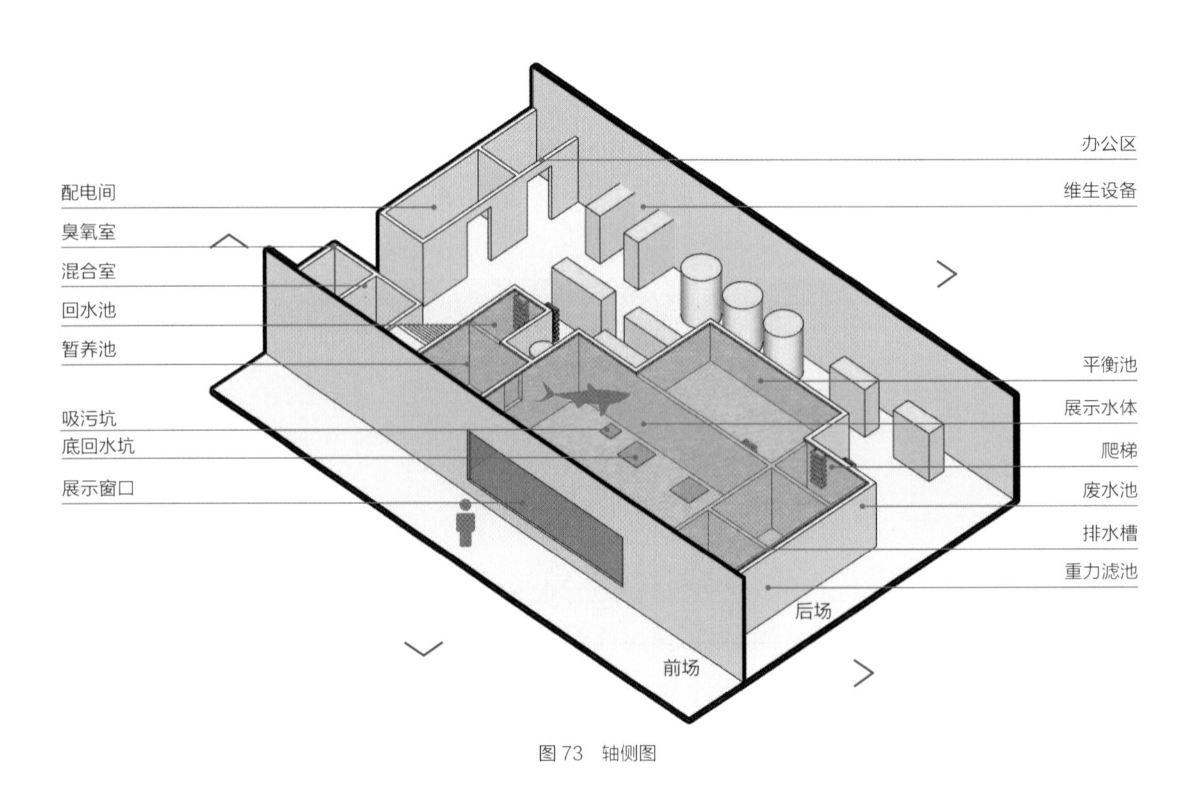

图 73　轴侧图

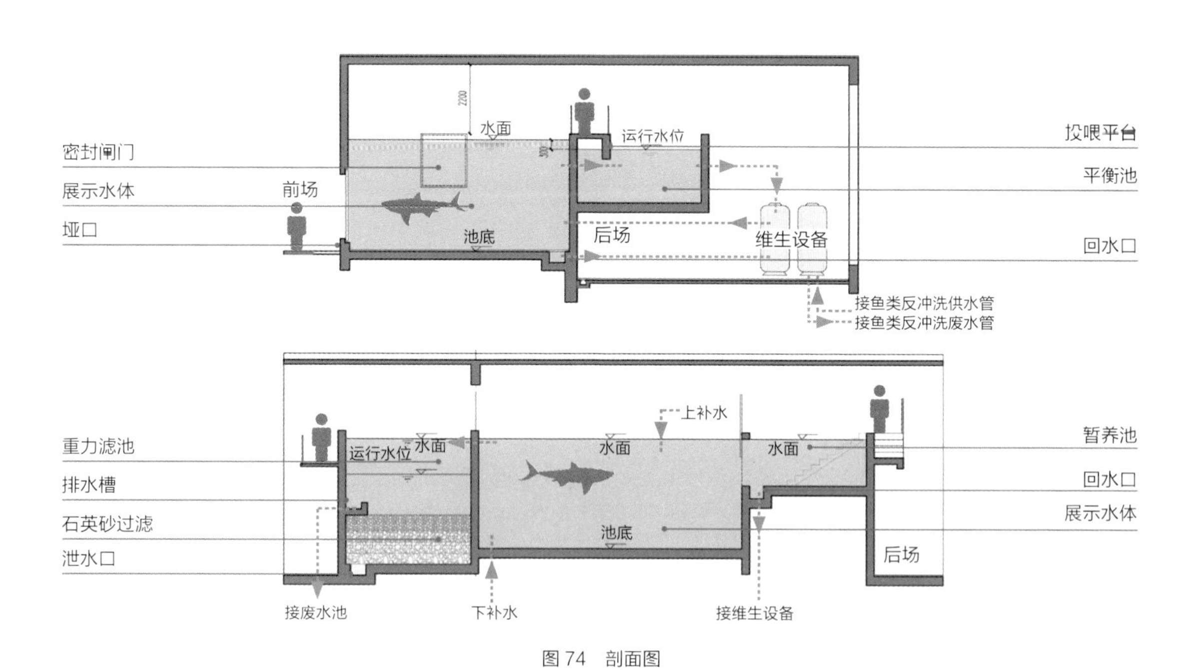
密封闸门
展示水体
垭口
前场
水面
2200
300
运行水位
池底
后场
维生设备
投喂平台
平衡池
回水口
接鱼类反冲洗供水管
接鱼类反冲洗废水管
重力滤池
排水槽
石英砂过滤
泄水口
运行水位
水面
上补水
水面
水面
池底
后场
暂养池
回水口
展示水体
接废水池
下补水
接维生设备

图 74　剖面图

（5）企鹅展示区设计要点，如图 75 ~ 图 77 所示。

- 建议配置制冰机房和空气制冷设备，建议放在屋面；制冰机房净高大于 5 m；
- 建议各区域面积：水区 60 m^2、陆区 200 m^2、孵化间 60 m^2、隔离间 80 m^2，前、后场均要有给排水；
- 水池下沉，水深 1.5 m ~ 1.8 m，进水和回水均匀分布；
- 建议玻璃展面高度 2.2 m ~ 2.3 m。地沟必须是井字形，地漏要分散布置；
- 陆区地面的最大高差 0.5 m，陆区最低点到水面采用坡道处理；
- 制冰机和空气制冷设备建议放到屋面，制冰机需放置在高度大于 5 m 的空间；
- 室温建议保持在零下，水温建议保持在 6 ℃ ~ 8 ℃。

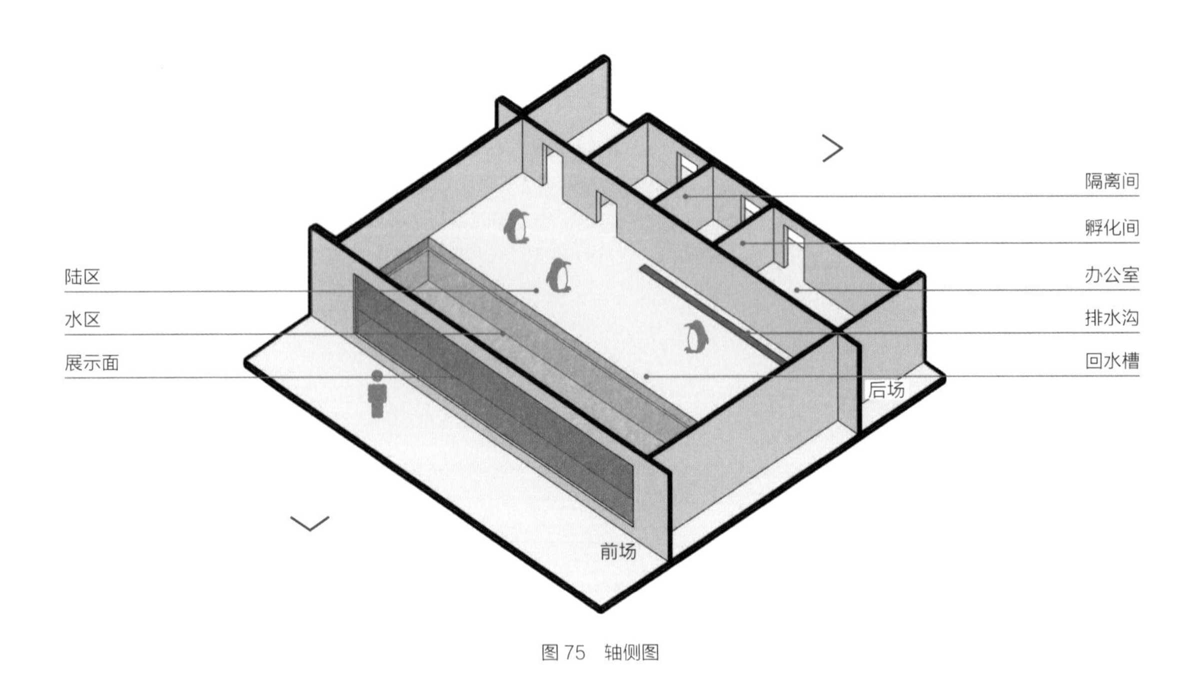

图 75　轴侧图

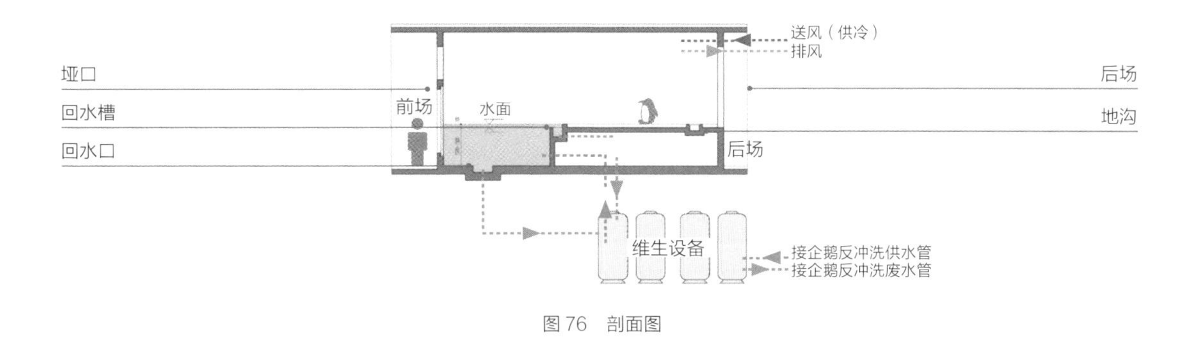

图 76　剖面图

图 77　企鹅展示

（6）海兽、北极熊展示区设计要点，如图 78 ~ 图 80 所示。

- 建议海狮、海象的水区面积大于 100 m^2，陆区面积大于 70 m^2，暂养和繁殖区面积 60 m^2，维生系统间面积 60 m^2、水深 1.8 m；
- 建议北极熊的水区面积 60 m^2，陆区面积 100 m^2，笼舍 60 m^2，维生系统间面积 80 m^2，水深 1.5 m ~ 1.8 m；空中可设置投喂马道；
- 建议展窗玻璃的高为 2.2 m ~ 2.3 m，展窗玻璃上返 0.3 m ~ 0.5 m；
- 后场要有饲养区、维生系统间、医疗训练区；
- 前、后场要设有给排水；室外展示时需要设计张拉膜遮阳，面积要能覆盖整个水池；
- 制冰机和空气制冷设备建议放到屋面，制冰机放置在高度大于 5 m 的空间；
- 建议北极熊区域的温度保持在零下；建议海狮、海象区域的温度保持在 20 ℃ ~ 25 ℃。

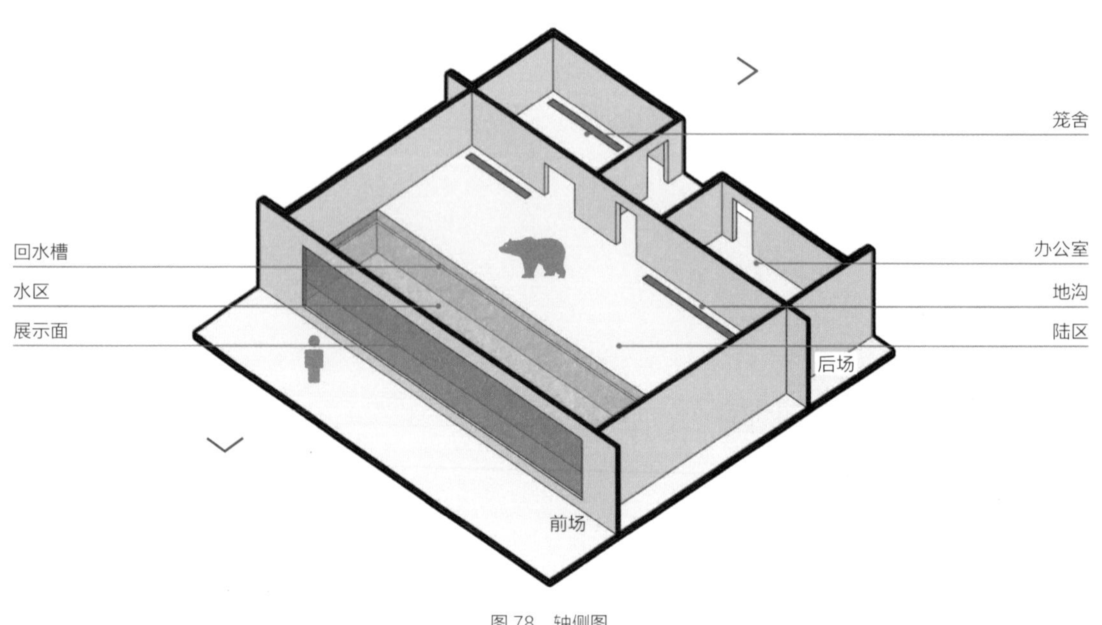

图 78　轴侧图

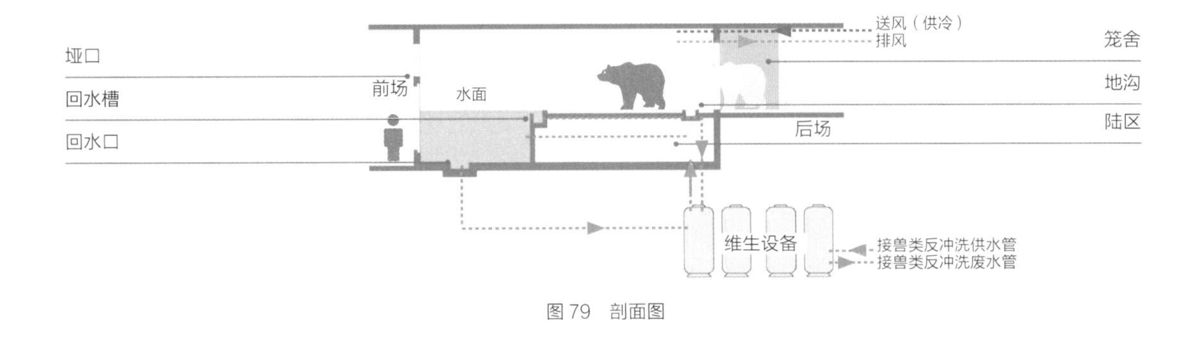

图 79　剖面图

图 80　北极熊展示

（7）深海花园（海底隧道）设计要点，如图 81～图 83 所示。

- 建议水深 5 m，设置爬梯便于清理表演水池；
- 在池底均匀布置进水和回水；
- 水池上沿设置宽 1.7 m 的人行平台，高于水面 0.3 m，便于操作；
- 水体上方设置维生系统间，男、女更衣室，淋浴间，需高于 3 m；
- 水体上方封闭并设置投喂马道；
- 建议水温保持在 22 ℃～27 ℃。

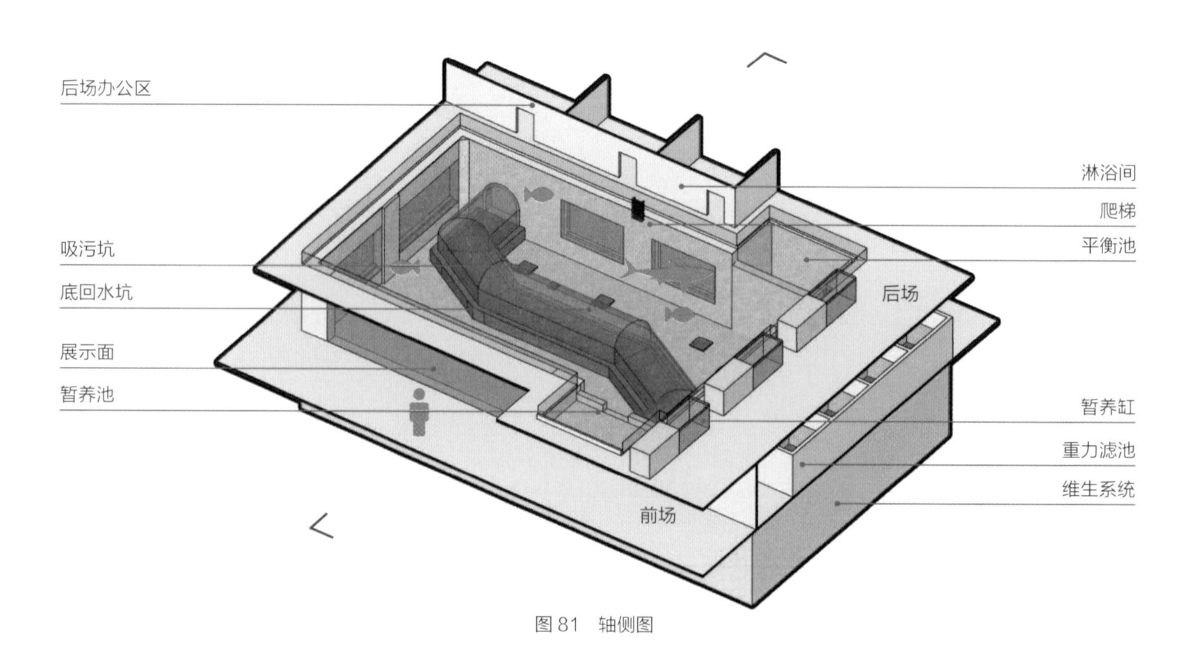

图 81　轴侧图

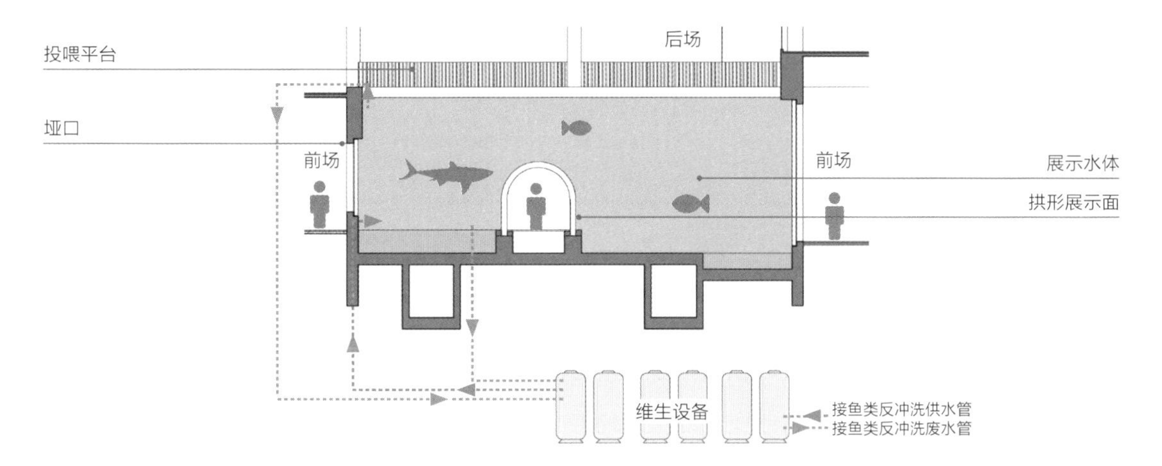

图 82　剖面图

图 83　海底隧道

（8）鲸豚秀场设计要点，如图 84 ~ 图 86 所示。

· 表演场地的净高大于 9 m；
· 互动平台应设置围栏，以保证观众和动物之间的安全距离；
· 面向观众的表演池上方的陆区平台宽度应大于 2 m，高出水面 0.3 m，表演池周围设置平台，便于演员与观众互动；
· 秀场中要设置表演池、饲养池、暂养池和医疗池，水池温度宜保持在 15 ℃ ~ 20 ℃；
· 表演池的宽度大于 20 m、池深大于 6 m，可兼做饲养池。
饲养池：池底规则，MHD 值大于成体动物平均身长的 4 倍。动物体长小于或等于 2 m 的，MHD 值按 10 m 计算；池底不规则的 MHD 值最多减少 20% 且补充到另一平行边上，整体不能低于最小水体容积和表面积的要求；池深应不小于动物平均成体身长的 1.5 倍，若动物体长小于 2 m，则池深最小 3 m，水体容积最小为 236 m^3；
暂养池：池底 MHD 值应不小于动物平均成体身长的 4 倍，池深大于或等于成体动物平均身长；最好有自然采光；
医疗池：可略小于或等于暂养池，与暂养池可兼做隔离检疫池；
· 各池之间应设置闸门，便于各池之间的动物进出。

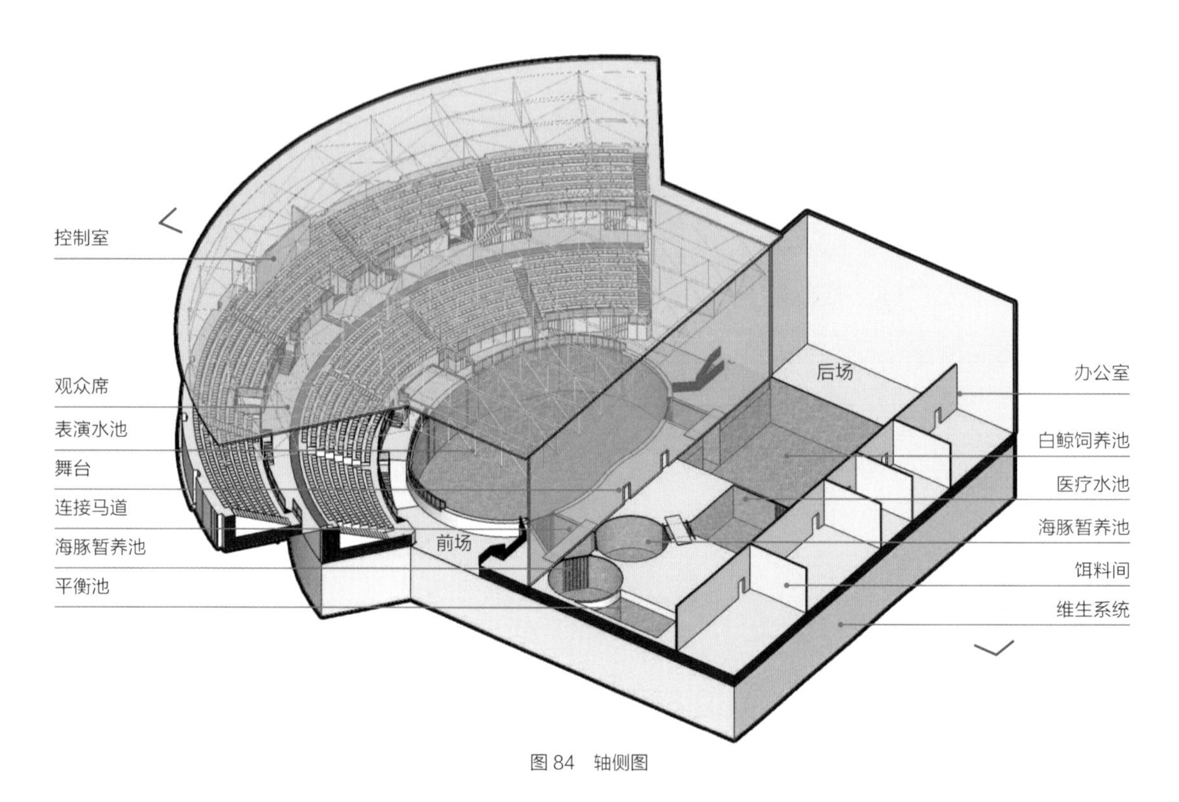

图 84　轴侧图

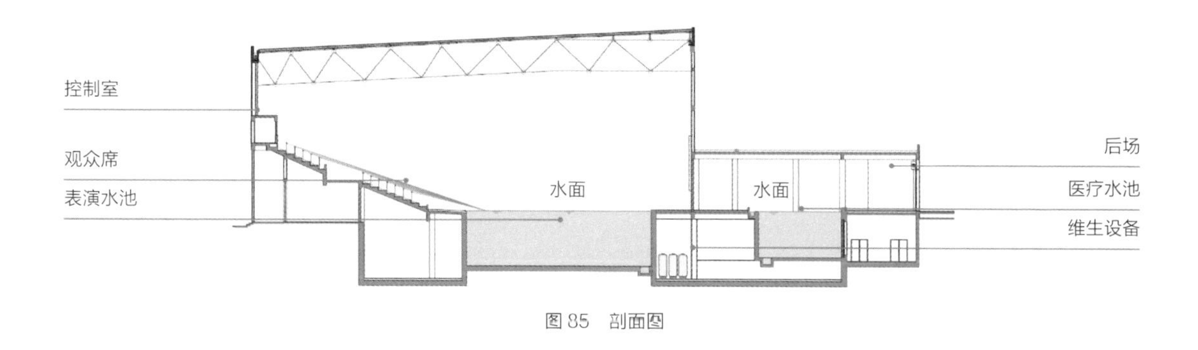

图 85　剖面图

图 86　秀场效果图

（9）节点汇总，如图 87 ~ 图 91 所示。

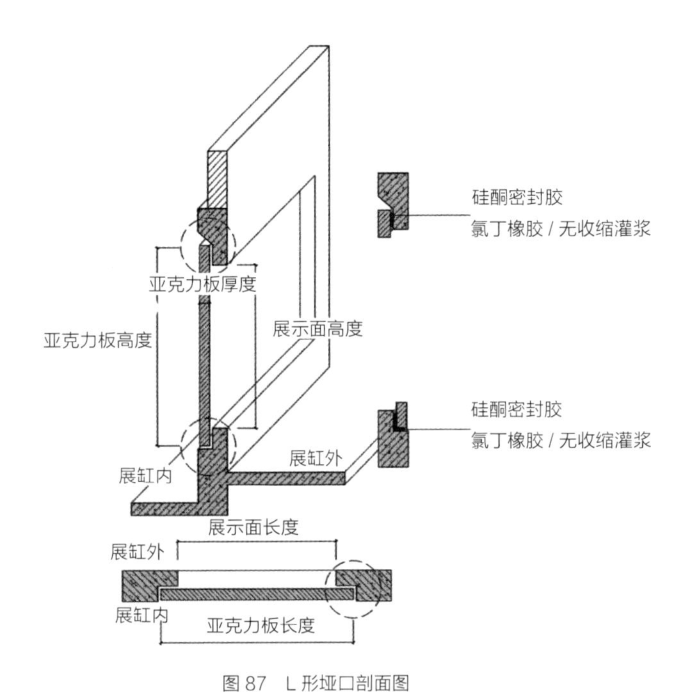

图 87　L 形垭口剖面图

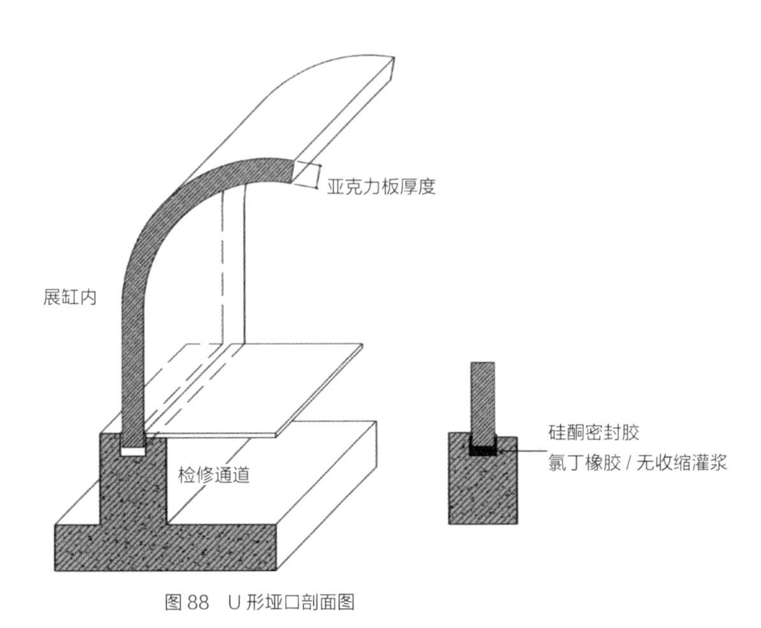

图 88　U 形垭口剖面图

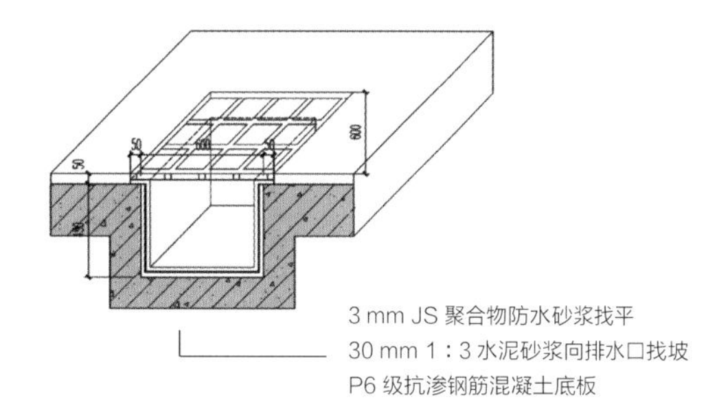

图 89　池底回水口

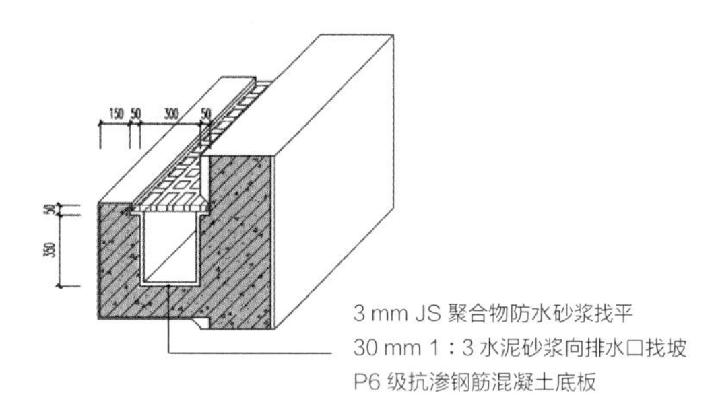

图 90　上回水槽剖面图

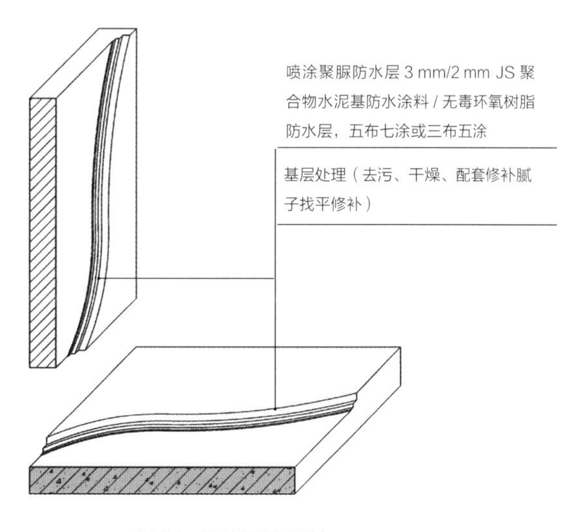

图 91　墙面和地面做法

6. 后场区设计

6.1 后场区（图 92、表 16）

后场区主要为保障前场的正常运营提供服务，可分为动物保障空间、后勤保障空间和设备用房。

设计要点：

- 大型水体区域的水处理设备间与前场区的面积比通常为 1：1，尽量距离前场近一些（最好是楼上、楼下或紧邻）；
- 维生系统占整个用房面积的 60%。维生系统的管道应尽量避开消防和空调等；
- 后场路线要方便动物的吊装和运输（尤其是大型海洋动物）。位置尽量靠近室外，能满足吊装设备的安装高度设计和运输的便捷性；
- 有条件的情况下，后场区宜有自然采光。后场区地面无大型设备经过的区域可铺设方便清洁、耐腐蚀、防滑、耐用的地面装饰材料，如防滑地砖。

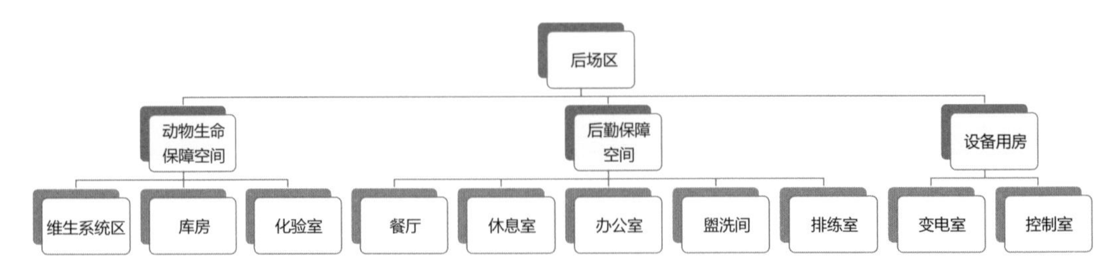

图 92　功能分区

表 16　海洋馆后场区的功能空间及设计要求

功能空间名称	设计要求
盐库	盐库建议设在一层，可直通室外；室外空间宽阔，方便车辆运输。设计建议将盐库设置在化盐池上方，可以在一层将盐直接倒入地下室的化盐池内
化盐池	位于地下室，水体量 = 总水体量 ×1/8
暂养隔离	宜设计连通式隔离池，暂养区域要开阔，最好有自然光照
清水池	水体量 = 总水体量 ×1/4
污水池	水体量 = 总水体量 ×1/4
回水池	水体量 = 总水体量 ×1/3
更衣室	分设男、女更衣室，人均 3 m^2，所有区域都要有上下水
淋浴室	男浴区设置 4 个淋浴头、女浴区设置 2 个淋浴头，所有区域都要有上下水
医疗室	设置通风、换气，预留上下水点位
化验室	靠近室外，有强排设计和无菌操作室
休息室	设置通风、换气
值班室	30 m^2
饵料储存间	冷库设计 −18℃ /3 个月的饲料量；根据所养水生哺乳动物的数量、种类和食量，配备足够的饲料储存间
饵料间	设置冰柜储存饵料；设置案板分解和解冻饵料；预留上下水点位
动物尸体处理	设置低温保存室或保存柜，注意通风、换气
库房	大库：按商业面积为 5：1 配比，至少预留 100 m^2 以上，建议远离设备、动物后场区，库房内高度至少为 3 m
	小库：设置在邻近纪念品商店、餐饮零售区域处（可利用不规则且无其他用途的区域）
	冷库：宜设置为 10 m^2 ~ 20 m^2，可租给餐饮商户使用
设备间	除防火分区外不设置隔墙，做开敞式大空间设计，方便操作、巡检等
办公室	尽可能设置在一层、靠近室外，值班室可放在地下室设备区域；尽量远离噪声和水池。办公区层高为 3 m ~ 3.5 m，人均 3 m^2 ~ 5 m^2

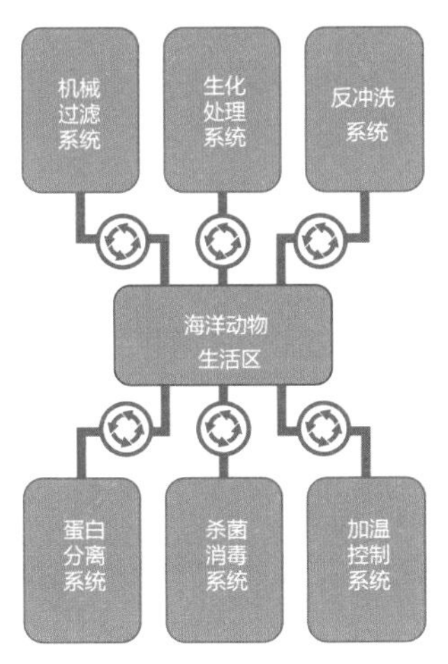

图 93　维生系统组成

6.2 海洋馆维生系统（图 93 ~ 图 95）

维生系统就是为海洋动物提供其生存所必需的水环境的系统。海洋维生系统依据海水来源可分为沿海型（天然海水水源）和内陆型（人工海盐配水）两类。沿海型是抽取无污染的当地海水，经过过滤、控温、杀菌处理后，可满足海洋动物的使用要求。内陆型是将城市供水过滤、消毒、除氯后配比海盐，配制成近似于天然海水成分的人造海水。

维生系统的组成可分为：机械过滤系统、蛋白分离系统、杀菌消毒系统、加温控制系统、生化处理系统、反冲洗系统。

· 机械过滤系统

在砂缸中加入滤材，通过水泵加压或者利用海水自身重力过滤，拦截和吸附水中残饵、粪便等大颗粒杂质及部分臭氧。通常可分为上滤和底滤：上滤为水池里的海水通过平衡水池收集表面杂物，再靠重力溢流到回水池，然后通过水泵加压回到展缸；底滤是指通过展缸底部的水泵加压后经过砂缸过滤加热再回到展缸。

· 蛋白分离系统

利用充氧设备或旋涡泵产生大量的气泡，通过蛋白质分离器将水中的蛋白质、微生物等吸附，然后在表面形成泡沫后化为浑浊的液体排除。它能在有机物分解成有毒废物前将其分离，从而减轻生化处理系统的负担。为了达到更佳的效果，蛋白质分离器必须同时配合使用臭氧机。

· 杀菌消毒系统

利用臭氧将水中的细菌等微生物杀死，臭氧还有除臭和提高水体透明度的作用，但臭氧的用量须严格计算，并且要设置活性炭装置来吸附水中的臭氧，防止臭氧对鱼类产生副作用。

· 加温控制系统

是海洋馆内重要的一环，可以针对不同的纬度、海洋动物及生存环境进行精准计算温度和冷热量。

· 生化处理系统

是改善水质最关键的环节，通过生化材料在生化池内反复的硝化与反硝化作用，从而为海洋生物提供优质的水质。

· 反冲洗系统

用来冲洗上述五个系统因多次循环而产生的杂质，可以延长设备的使用寿命。反冲洗系统分为反冲洗给水系统和反冲洗回水系统：反冲洗给水系统包括废海水反冲洗和海水反冲洗；反冲洗回水系统包括兽类反冲洗和鱼类反冲洗。

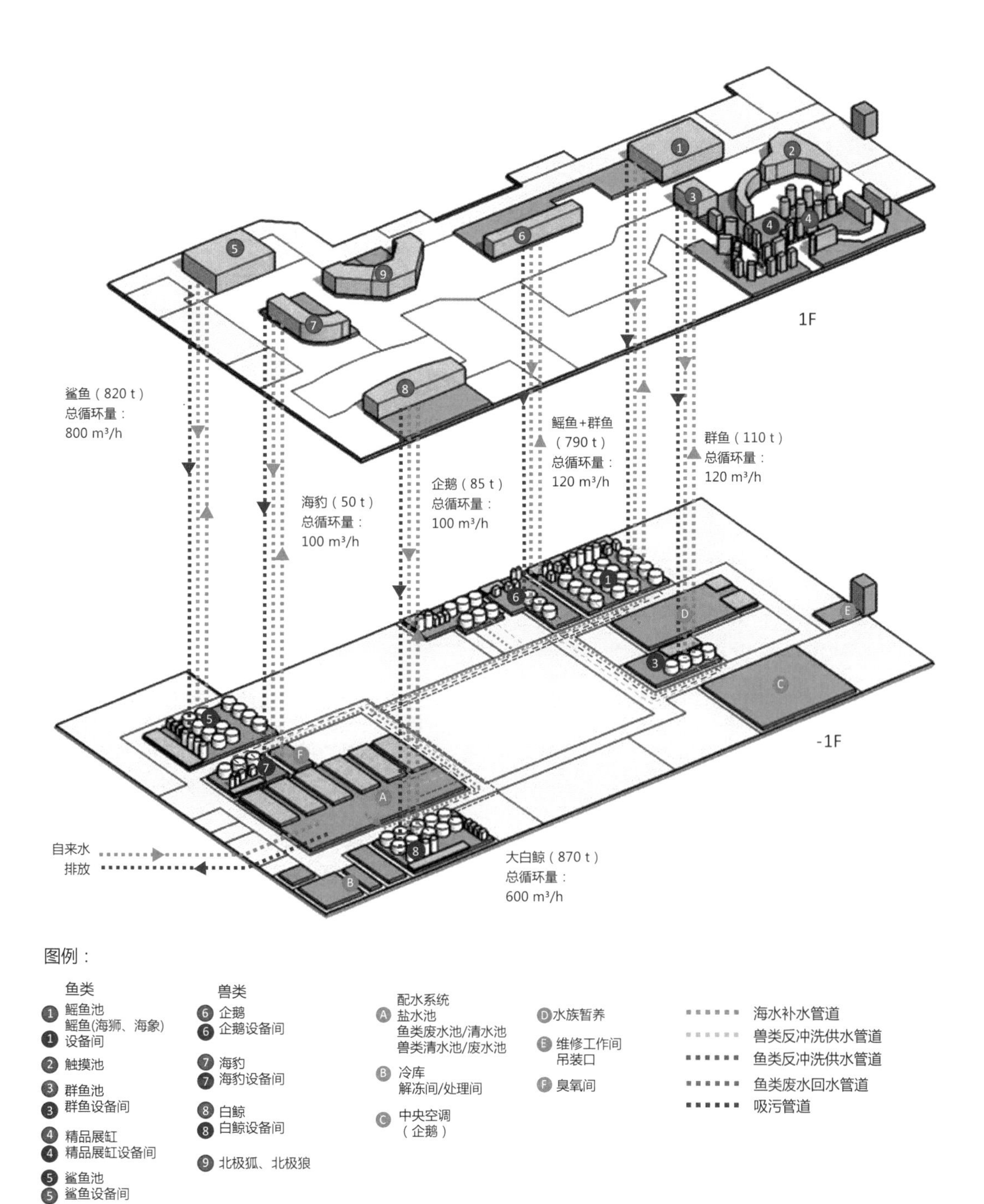

图 94　海洋馆维生系统案例

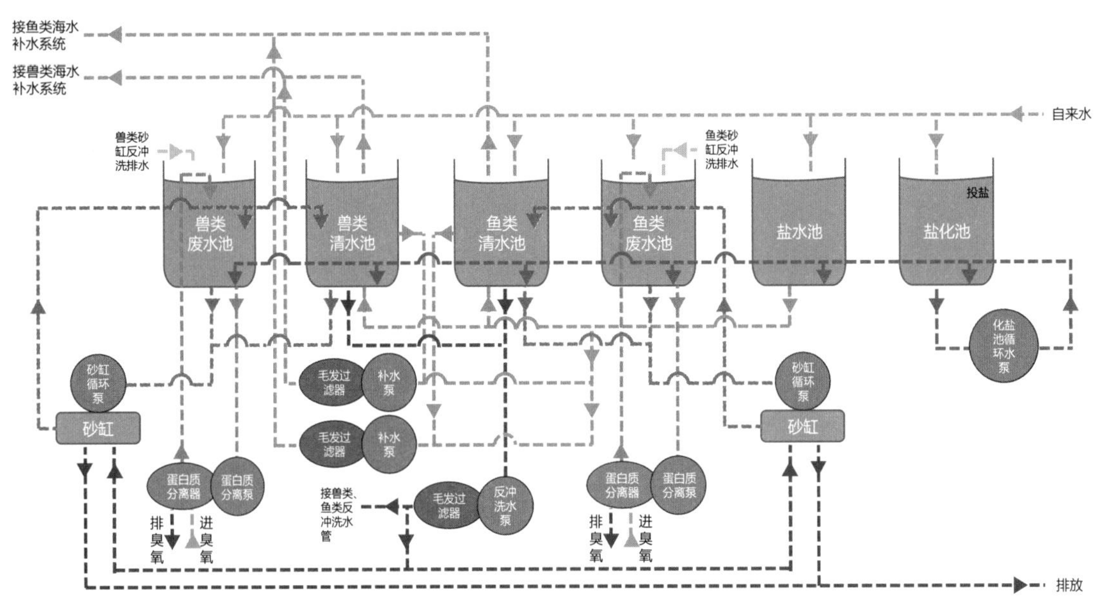

图 95　海洋馆配水系统案例

（1）大白鲸展缸水循环系统，如图 96 所示。

大白鲸展示池及暂养池水体总体积 V=830 m³，总循环量为 800 m³/h。

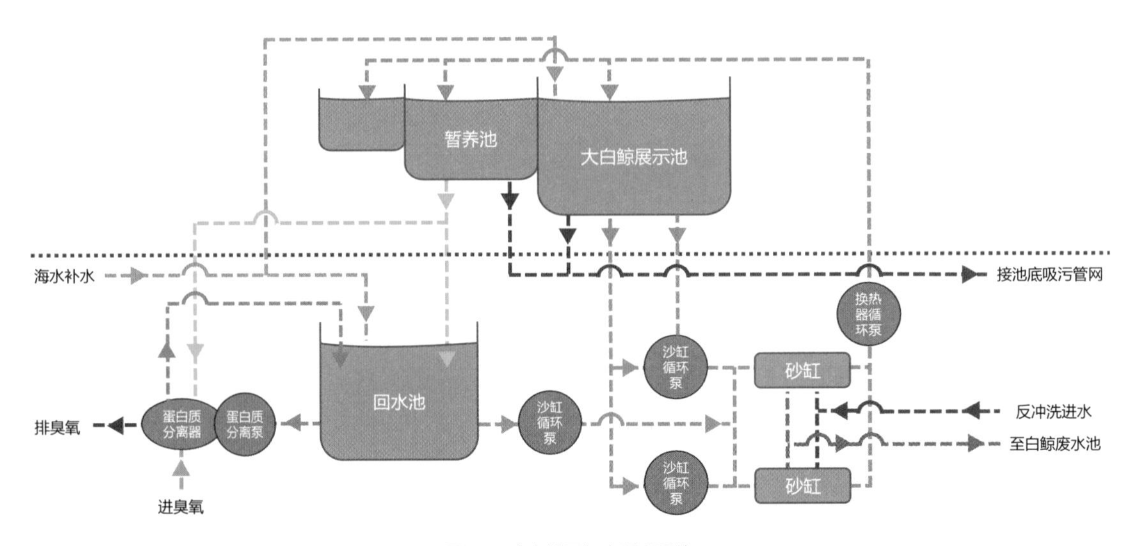

图 96　大白鲸展缸水循环系统

（2）海兽展示池水循环系统，如图 97 所示。

- 海豹展示池及暂养池水体总体积 V=70.5 m^3，总循环量为 100 m^3/h；
- 海狮展示池水体总体积 V=65 m^3，海象展示池水体总体积 V=100 m^3，表演池水体总体积 V=122 m^3，海狮、海象总循环量为 160 m^3/h；
- 企鹅展示池及暂养池水体总体积 V=63 m^3，总循环量为 100 m^3/h。

（3）群鱼展缸水循环系统，如图 98 所示。

- 鲨鱼展示池水体总体积 V=816 m^3，总循环量为 760 m^3/h；
- 鳐鱼展示池水体总体积 V=791 m^3，总循环量为 760 m^3/h；
- 群鱼展池水体总体积 V=110 m^3，总循环量为 170 m^3/h。

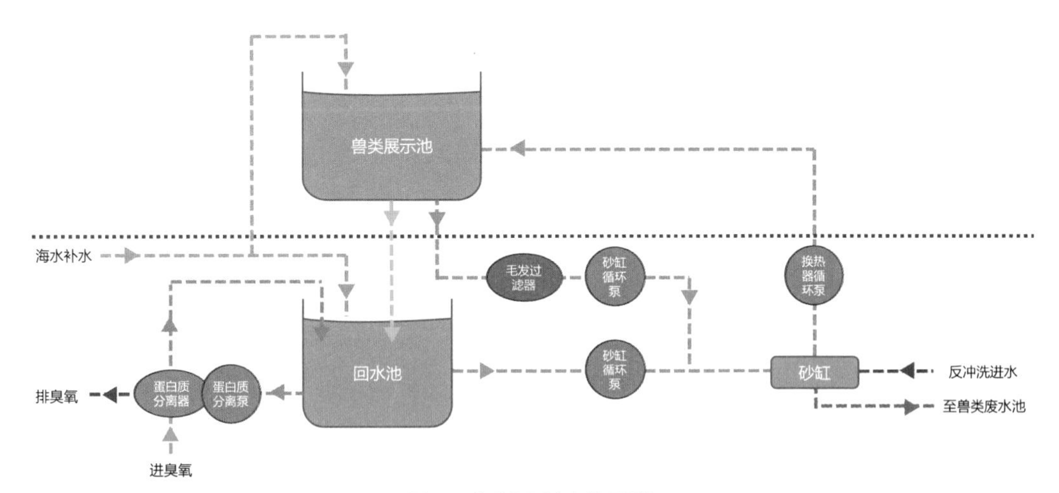

图 97　海兽展示池水循环系统

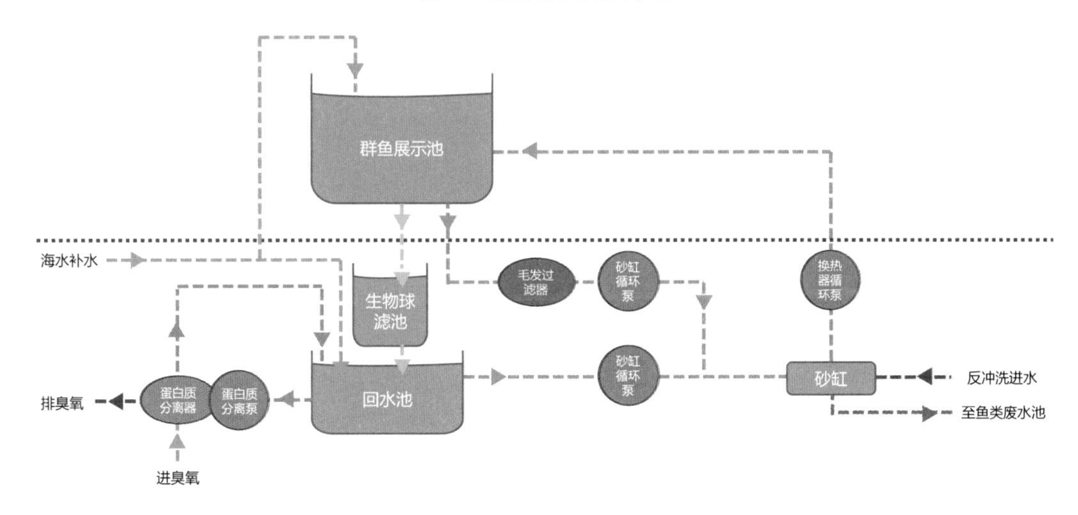

砂缸：利用特殊的滤沙消除池中的微小污染物

反冲洗：反冲洗又称滤池冲洗，目的是清除截留在滤料层中的杂质，使滤池在短时间内恢复过滤能力

图 98　群鱼展缸水循环系统

6.3 常规设备用房

（1）变配电室（变压器室、高低压配电室）

变配电室约占建筑总面积的 0.6%，建筑面积为 30 000 m^2 ~ 100 000 m^2 的变配电室面积为 200 m^2 ~ 500 m^2，可基本满足要求。

- 不要设置在人员密集场所的附近；
- 应设置在首层或地下一层、靠外墙部位，可直通室外或直通安全出口。门窗开口的上下方应设宽度大于 1 m 不燃材料防火挑檐或高于 1.2 m 的窗槛墙；
- 应在长度大于 7 m 的配电室两端各设一个出口；长度大于 60 m 时，应增加一个出口。配电室位于楼上时应至少设一个通向该层走廊或室外楼梯的出口；
- 为保证海洋馆内 24 小时不间断供电，应设计双电源互为备用。

（2）柴油发电机房

柴油发电机房的面积为 40 m^2 ~ 100 m^2（含 3 m^2 ~ 6 m^2 的油箱间），单台发电机房宽为 4.5 m ~ 5 m、长为 7 m ~ 8 m。

- 发电机房应设置在建筑的首层或地下一、二层，靠近外墙处，最好有两面外墙，有利于出风口的布置；
- 应靠近低压配电室，利于出线。

（3）消防控制室

应设有火灾自动报警系统和自动灭火系统，设有火灾自动报警系统和机械防（排）烟设施的建筑则应设消防控制室。

- 消防控制室应设置在首层或地下一层，设有直通室外的安全出口。如设在地下一层时，距室外安全出口应小于 20 m。外墙出口上方应设计宽大于 1 m 的不燃材料防火挑檐；
- 不应将消防控制室设在厕所、浴室或其他潮湿、易积水场所的正下方和附近；
- 应远离电磁干扰场所，不应设置在变配电室的附近；
- 消防控制室可单独设置，也可与安防系统、建筑设备监控系统合用。

（4）水泵房

长条形水泵房的宽度为 4.2 m ~ 4.5 m，长度则根据水泵的数量计算确定。水泵之间的距离按 1.2 m ~ 1.5 m 估算，通常水泵房的长度为 13 m ~ 18 m，应避免设置方形水泵房。消防水池的总容量超过 500 m^3 时，应分成两个可以独立使用的消防水池。

（5）制冷机房

分为冷水机组和蓄冰空调两种，无严格的面积要求，准确的面积由空调专业决定。蓄冰空调的面积需求相比冷水机组要大一些。

- 宜选择在地下室或设备层，靠近负荷中心及配电室；不宜靠近对声环境要求较高的房间。应有两个独立出口，地面应有 0.5% 的坡度，在适当位置设置排水沟和集水井；
- 企鹅区需单独设置制冷，建议将制冰设备和空气制冷设备放在屋面。

（6）空调机房

宜设在空调层、设备层，靠近负荷中心，一侧靠墙，不宜靠近对声环境要求较高的房间及产生污秽气体、粉尘的房间相邻，具体位置建议与空调通风专业协调后确定。北极熊、北极狼、北极狐因气味大需设置独立排风。

（7）冷库，如图 99 所示。

主要用于存放饵料，其面积需能够满足存放 3 个月的饵料量。配备解冻间和处理间，其中解冻间和处理间需配置上下水和排风。

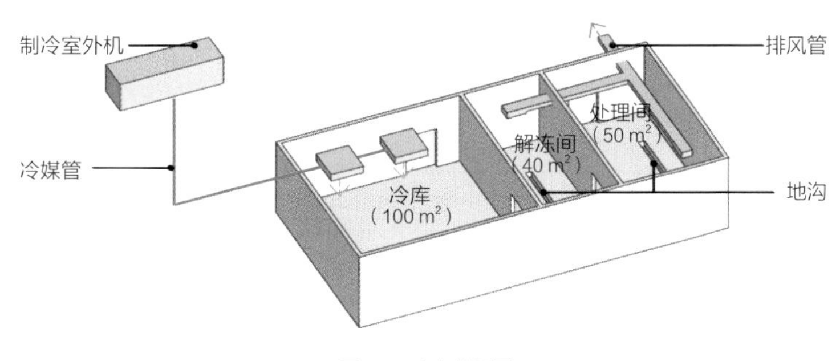

图 99　冷库轴侧图

ANIMAL
DISPLAY

第四部分

动物展示

1. 海洋鱼类

1.1 小型鱼类

小型鱼类展示区主要选择体型小巧的海洋动物来构成展缸内的生态系统，图 100 为建议展示的小型鱼类。

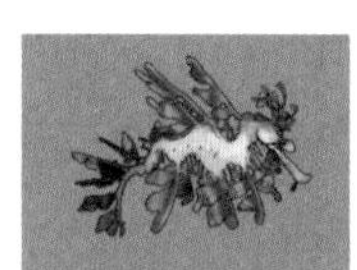

叶海龙
规　格：10 cm ~ 30 cm
生活环境：藻类繁茂的浅海中
特　性：身体扁长，尾部逐渐变细略微卷曲，头部可看到深陷的眼睛以及管状的长嘴，游动缓慢

海马
规　格：10 cm
生活环境：深海藻类繁茂之处
特　性：头部呈马头状，与身体形成一个角，吻呈长管状、口小，一个背鳍。行动迟缓，能捕捉桡足类生物

角箱鲀
规　格：8 cm
生活环境：生活在浅海岩礁区或海藻丛中
特　性：身体大多是圆柱状或长方体，像个小箱子，因此得名。全身有褐色圆斑，因外壳厚重而行动缓慢，受到威胁时会分泌毒液

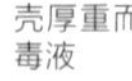

刀片鱼
规　格：10 cm
生活环境：高水质标准、无波，可与海马、海龙混养
特　性：鱼身扁平且直，头下尾上垂直漂浮，首尾呈针尖状，嘴部呈管状且细小

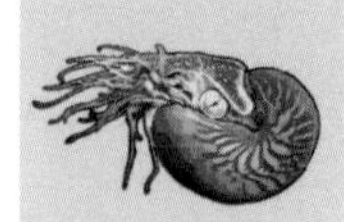

鹦鹉螺
规　格：10 cm
生活环境：水温不超过 24 ℃的深海
特　性：壳轻而薄，呈螺旋形盘卷，表面呈白色或者乳白色，生长纹辐射，多为红褐色，被称作海洋中的“活化石”

神仙鱼
规　格：5 cm ~ 8 cm
生活环境：宜和大型鱼类混养
特　性：形如三角帆，有小鳍帆鱼之称。性格文静且泳姿潇洒，又被誉为“热带鱼皇后”

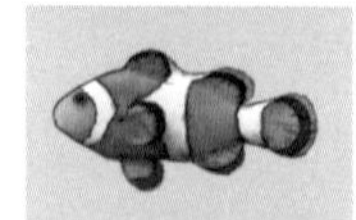

小丑鱼
规　格：5 cm
生活环境：与海葵共生，礁区鱼类
特　性：面部有一条或两条白色条纹，似京剧中的丑角而得名，热带海水鱼，又称海葵鱼

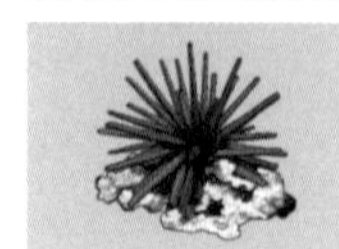

石笔海胆
规　格：10 cm
生活环境：需有藏身的地方
特　性：体呈球形、盘形或心脏形，无腕。内骨骼互相愈合成一个坚固的壳，长管状的消化管盘曲于体内。以藻类、水螅、蠕虫等无脊椎动物为食

海苹果
规　格：10 cm
生活环境：缸底
特　性：性情温和，在吻部有许多触手，体表有管足，呈黄色、粉红或橘色

泗水玫瑰
规　格：5 cm ~ 6 cm
生活环境：可在带洞穴的珊瑚缸内成群饲养，可与温和的鱼混养
特　性：又名考氏鳍竺鲷，银白色身体，四条黑条纹及白点覆盖身体及各鳍，叉尾

刺豚
规　格：20 cm ~ 40 cm
生活环境：深海珊瑚礁
特　性：腹部有气囊，大多生活在热带近海处，全身长满硬刺，棕色。一种像刺猬一样的鱼

环纹蓑鲉
规　格：10 cm ~ 12 cm
生活环境：岩礁或珊瑚丛中，深水区成对饲养
特　性：又名狮子鱼。身体为浅褐带亮褐色垂直条纹。体长形，蝌蚪状，无鳞，鳍棘具毒腺

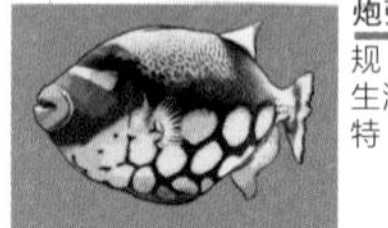

炮弹鱼
规　格：30 cm ~ 60 cm
生活环境：350 L ~ 800 L 水族箱，带珊瑚洞和石头
特　性：卵圆形，头大，嘴部黄色，头部呈圆锥状，像子弹头。可以自由伏卧，肉食性，喜欢吃海胆

老鼠斑
规　格：5 cm ~ 8 cm
生活环境：适合分类饲养
特　性：头长嘴尖，体扁平，酷似老鼠，背鳍棘 10 枚，无大牙，体白色，布满黑点，行动缓慢，具有抢食性

尖吻鳊
规　格：5 cm ~ 8 cm
生活环境：适合珊瑚缸，喜欢红扇软柳珊瑚。150 L 以上水族箱饲养，缸要加盖
特　性：又名尖嘴红格，头背部平直，体呈灰白色，橙红色条纹交错成格子

图 100　建议展示的小型鱼类

1.2 中型鱼类

中型鱼类展示区是以体型偏大的海洋动物作为主要观赏种类构成展缸内的生态系统，图 101 为建议搭配展示的中型鱼类。

柠檬鲨

规　　格：100 cm ~ 200 cm
生活环境：水表面活动
特　　性：躯干较粗大，头部扁平，尾基不平，吻稍短，前缘钝圆。因似柠檬的颜色而得名。休息时游至底层水域

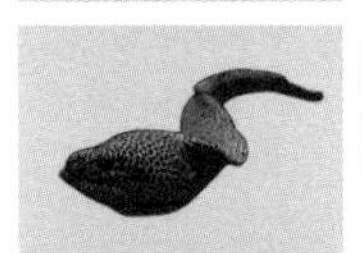

黑点裸胸鳝

规　　格：50 cm ~ 150 cm
生活环境：珊瑚礁区，藏于岩石缝中
特　　性：无胸鳍，鳍外被皮膜。两颌与犁骨牙细尖锥状。体侧、背鳍与臀鳍上均散布大小不规则的黑色圆斑

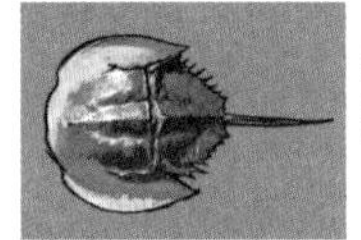

中华鲎

规　　格：15 cm ~ 20 cm
生活环境：沙质海底
特　　性：头胸甲略呈马蹄形，腹部呈六角形两侧具棘刺，尾部是一根长的尾剑。肉食性动物

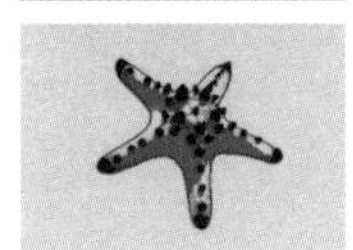

海星

规　　格：5 cm ~ 30 cm
生活环境：砂质、软泥海底，珊瑚礁
特　　性：体扁平，五辐射对称，腕中空，有短棘和叉棘，下面有成排的管足。它的捕食起着保持生物群平衡的作用

花倒吊

规　　格：5 cm ~ 30 cm
生活环境：珊瑚礁区，水中上层，成群生活
特　　性：身体呈巧克力色，面部白色，背鳍及臀鳍的底部是亮黄色，各鳍带白边。一个缸一只，喜吃藻类

贝类

规　　格：5 cm ~ 20 cm
生活环境：海水底层
特　　性：现存的种类有 11 万种以上，是动物界中仅次于节肢动物的第二大门类

小型海龟

规　　格：15 cm ~ 30 cm
生活环境：近海上层
特　　性：肯氏龟，胸甲一般是黄绿色或白色、背壳灰绿色。喙状嘴、体侧的肢呈鳍状。喜食软体动物、藻类

海藻

规　　格：5 cm ~ 100 cm
生活环境：海底或某种固体结构上
特　　性：无维管束组织；由单一细胞产生孢子或配子；无胚胎的形成。隐花植物，靠光合作用产生能量

图 101　建议展示的中型鱼类

1.3 大型鱼类

大型鱼类展示区是以体型巨大的鱼类或者大型鱼群作为主要观赏物种，搭配相应的共生物种构成的生态系统，可在海底隧道区域使用，更能展示其视觉冲击力，图 102 为该区域建议搭配展示的大型鱼类。

黄金鲹
规　格：10 cm ~ 20 cm
生活环境：上层水域，随大型鱼类游动
特　性：热带海洋鱼类。金黄色，身体上有 9~11 条黑色条纹，眼大，尾柄较窄，尾鳍呈交叉状

笛鲷类
规　格：10 cm ~ 20 cm
生活环境：单独或成群栖息在珊瑚礁、岩礁区外围
特　性：椭圆形，背缘呈弧状弯曲，两眼间隔平坦。以甲壳类、鱼类为食

眼纹倒吊
规　格：10 cm ~ 20 cm
生活环境：与凶猛鱼类混养，成群活动
特　性：身体呈黄褐色，有蓝色条纹，不规则黄色斑纹，背鳍和臀鳍边缘为蓝色。具有攻击性

石斑鱼
规　格：30 cm ~ 100 cm
生活环境：喜栖居于珊瑚礁及近岸岩礁区域
特　性：体长椭圆形；口大、牙细尖。身体呈褐色或红色，并具条纹和斑点。凶猛，肉食性

锈色护士鲨
规　格：100 cm ~ 200 cm
生活环境：常在海底
特　性：又名铰口鲨，头部似护士帽，体与各鳍均为锈褐色，腹面淡黄色。夜间觅食，性情温顺，嗅觉灵敏

皱唇鲨
规　格：30 cm ~ 100 cm
生活环境：栖息于浅海
特　性：虽倾向于底栖的鲨鱼，但实际上常常到处巡游，身上可见斑点状纹路

黄鳐
规　格：50 cm ~ 100 cm
生活环境：栖息于水域底表
特　性：体呈圆或菱形，身体扁平、尾巴细长。游动时靠胸鳍摆动前进

犁头鳐
规　格：10 cm ~ 20 cm
生活环境：温暖的水域，栖息于水域底表
特　性：吻部为扁平的三角形，像犁头而得名；身体呈椭圆形，背部呈弧状弯曲

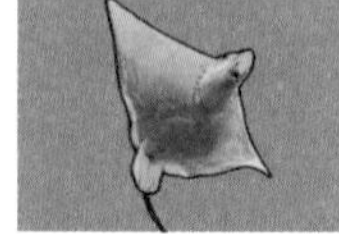

燕子鳐
规　格：30 cm ~ 100 cm
生活环境：1 m ~80 m 深的海域，可与神仙鱼等大型鱼类混养
特　性：鼻长、面部像鸭舌一样，身体呈三角形。下腹白色，白色斑点散布于蓝色的背部

虱目鱼
规　格：10 cm
生活环境：水底，集群生活
特　性：截面呈椭圆形；圆鳞，口小、无齿，下颌中央突起，胸鳍较低，尾鳍深分叉。又称“状元鱼”

黄金吊
规　格：10 cm ~ 20 cm
生活环境：珊瑚礁区水中上层，成群栖息
特　性：头部呈三角形，嘴尖前突，眼睛位于头顶，身体前端高，身体呈鲜黄色，喜食藻类

黄色蝴蝶鱼
规　格：10 cm ~ 20 cm
生活环境：成熟的珊瑚礁区域
特　性：身体为明亮的黄色，眼睛处有蓝色的斑块，身体上有 13 条橙色条纹，体型近圆盘形，嘴小、可伸缩

豹纹鲨
规　格：100 cm ~ 200 cm
生活环境：暖海底栖
特　性：身体修长，头扁平，通体灰褐色，有深色横纹

条纹斑竹鲨
规　格：30 cm ~ 100 cm
生活环境：海礁砂混合且海藻繁茂的海域
特　性：口平横、下唇宽扁，身体上有近似圆形的白色斑点，夜间觅食

日本须鲨
规　格：30 cm ~ 100 cm
生活环境：浅海或中等深度
特　性：头平扁宽大，吻短而钝，口宽大，头侧具一系列皮瓣，口旁有一对短胡须。常蛰伏，夜间觅食

蝠鲼
规　格：50 cm ~ 100 cm
生活环境：热带和亚热带海域底层水域上层，独自活动
特　性：身体呈菱形，吻端宽而横平，头前有两个突出的头鳍，尾细长如鞭。有时成群活动，以浮游甲壳动物为食

印　鱼
规　格：10 cm ~ 30 cm
生活环境：水温较高的水域
特　性：体细长，色深。吸附在鲨鱼或其他海洋动物上，以寄主的食物残渣为主

图 102　建议展示的大型鱼类

2. 水母类

因水母的形态美丽且可以发光，所以在进行海洋生物的科普展示时，可作为独特的观赏个体，更能发挥观赏特性。常见的展示形式如水母迷宫、巨型水母柱等，极具视觉冲击力。图 103 为建议搭配展示的水母种类。

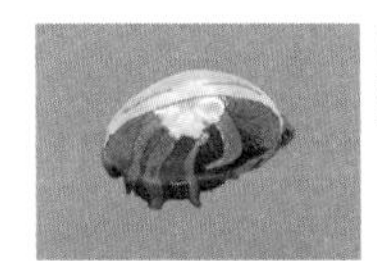

海月水母

规　　格：10 cm ~ 15 cm
特　　性：漂浮生活，身体有 4 条马蹄状生殖腺。白色透明。不可以混合饲养

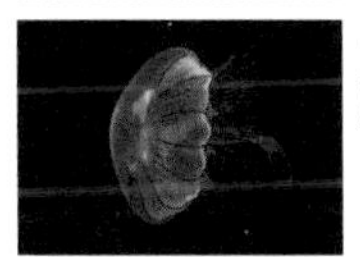

马赛克水母

规　　格：10 cm ~ 35 cm
特　　性：呈半球状，有大小不等的白色斑点。伞缘无触手，8 个短棒状口腕。颜色多样，越靠近海面其色泽越深。体内有共生藻

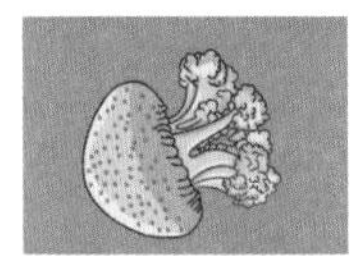

澳洲斑点水母

规　　格：8 cm ~ 10 cm
特　　性：呈半圆形，通体淡蓝色，体表有白色斑点。有花状足腕，后拖有触手，捕食时可伸长触手捕食

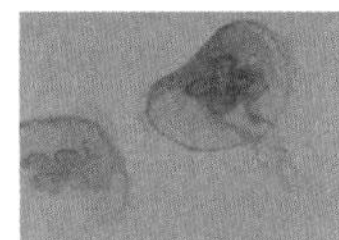

桃花水母

规　　格：0.1 cm ~ 1 cm
特　　性：体透明、微带乳白，拇指般大小。对水质要求高，活体罕见

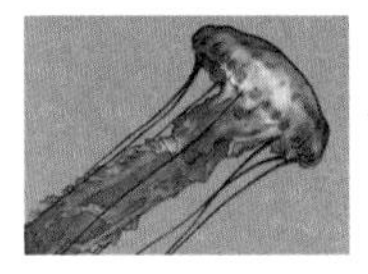

紫纹海刺水母

规　　格：10 cm ~ 45 cm
特　　性：因触手带有紫色条纹而得名，与太平洋海刺的触手相似，其伞径最大可达到 70 cm，可用于海洋馆观赏

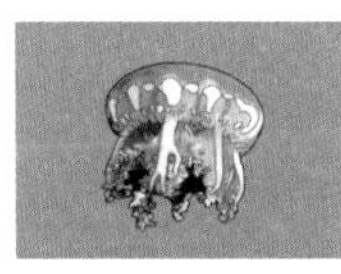

车轮水母

规　　格：8 cm ~ 10 cm
特　　性：又称朝天水母、倒吊水母，它们喜欢伞口朝上卧于水底，整体呈圆盘状，有车轮图案，有毒性，可用于海洋馆观赏

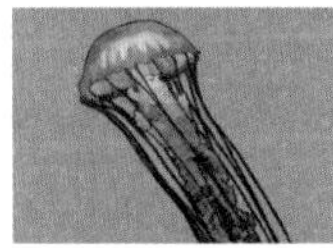

黄金咖啡水母

规　　格：15 cm ~ 20 cm
特　　性：太平洋海刺，有 24 条触手及 4 m~5 m 长的口腕。易被其他海洋动物吃掉，其学名意即“黄金剑”，以警示被蜇的痛苦

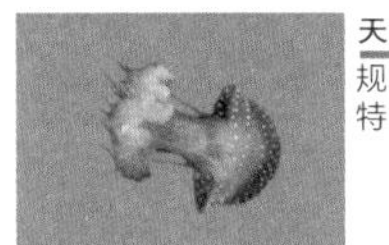

天草水母

规　　格：10 cm ~ 15 cm
特　　性：身体呈半透明状，伞体中央伸展出约 8 根口腕。伞体周围的小触手很长，有些长达 1 m。以浮游生物和其他水母为食

蛋黄水母

规　　格：10 cm ~ 35 cm
特　　性：伞体直径 35 cm，体内结构有色泽，外形似荷包蛋，可用于海洋馆观赏

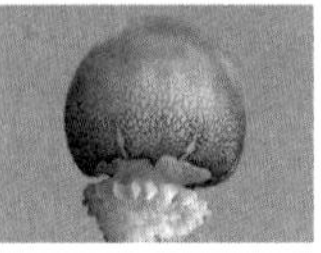

炮弹水母

规　　格：30 cm ~ 100 cm
特　　性：可食用、入药。其繁殖方式有趣，可用于海洋馆观赏

图 103　建议展示的水母种类

3. 淡水鱼类

在科普展示海洋动物时，可以考虑选择淡水鱼类，也可以选择生活习性有特点的鱼类；可根据空间需求做小窗口鱼缸展示，图 104 为建议展示的淡水鱼类。

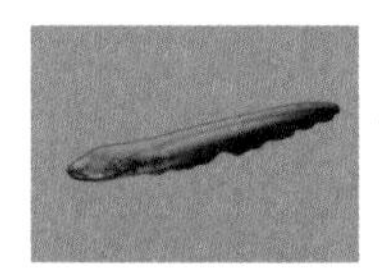

电鳗

规　格：50 cm ~ 100 cm
特　性：体长、呈圆柱形，无鳞，灰褐色。尾部具发电器，有水中的“高压线”之称，是“地球上最令人恐惧的淡水动物”之一

鲱鱼

规　格：50 cm ~ 100 cm
特　性：学名为太平洋鲱鱼，体呈流线型，体长而侧扁，背侧蓝黑色，腹部银白色。平时栖息在较深海域，密集的鲱鱼群

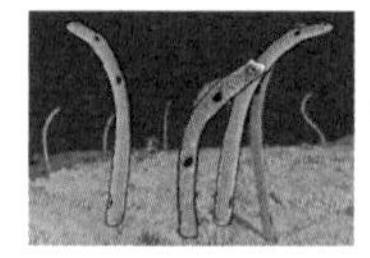

沙鳗

规　格：20 cm
特　性：又名七星鳗，前部圆筒形，尾部侧扁。头呈锥形，有细长的身体，用尾部在沙中挖洞生存。体背间褐色，腹部淡褐色

匙吻鲟

规　格：50 cm ~ 100 cm
特　性：吻呈扁平桨状，体表光滑无鳞，背部黑色、有斑点，体侧有点状赭色，腹部白色。个体大，可以长到 220 cm

慈鲷科鱼

规　格：5 cm ~ 10 cm
特　性：有金属般光泽的色彩，品种数量繁杂，生活环境对水质的硬度和酸碱度要求较高

图 104　建议展示的淡水鱼类

4. 精品虾蟹类

根据形态特性划分出来的精品虾蟹展区，可以作为小展示空间的一种选择，其小巧精致的形态会给游客眼前一亮的惊喜之感，图105为建议展示的虾蟹种类。

机械虾
规　格：2 cm ~ 3 cm
特　性：背部有一杯状凸起物，所以被叫作“骆驼虾”。一双大眼睛很卡通，个性温和，属于弱势群体

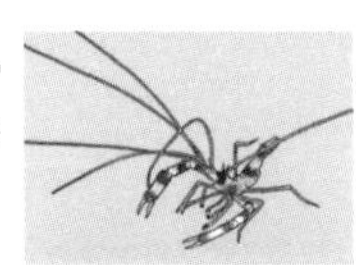

美人虾
规　格：3 cm ~ 5 cm
特　性：生活在低潮礁区，生命力强、好斗，可以和大型鱼共处一缸。有夸张的大螯，不能与同伴和平共处

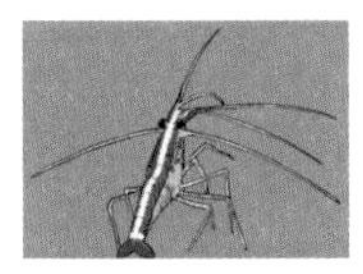

医生虾
规　格：2 cm ~ 3 cm
特　性：又称清洁虾、薄荷虾，白色偏黄的身体有一些红色的斑纹，适宜在珊瑚缸中饲养

性感虾
规　格：1 cm ~ 2 cm
特　性：身体呈淡褐色，头胸甲、腹部对称分布黄白色斑点。成群出没在岩礁群，适宜在软体动物缸中饲养，和海葵共生

夏威夷海星虾
规　格：2 cm ~ 3 cm
特　性：又称小丑虾。白色的身体上有红色、紫色及褐色的大斑点。脚呈盾形，以海星类为食

紫光虾
规　格：5 cm ~ 6 cm
特　性：虾体呈紫黑色，身上棘毛少而短，体型较小

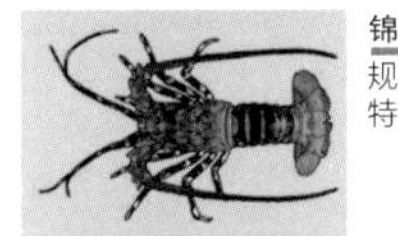

锦绣龙虾
规　格：40 cm
特　性：腹部、第一触角和步足有黑褐色和黄色相间的斑纹，体色鲜艳。生活在岩礁的背面、较深的泥沙地

面包蟹
规　格：5 cm ~ 10 cm
特　性：头胸甲为浅褐色；眼部有一半环状的赤褐色斑纹；螯脚腕节和长节外侧具一赤褐色斑点；脚尖为褐色。栖息于水深 30 m ~ 100 m 的泥沙质海底

蜘蛛蟹
规　格：5 cm ~ 12 cm
特　性：8 条蟹腿特长，外观形似蜘蛛，而且触角也比普通螃蟹多，所以被称为蜘蛛蟹。生活在 3600 m 的深海海底，和海葵共生，生性凶猛

雀尾螳螂虾
规　格：5 cm ~ 13 cm
特　性：全身呈深绿色，甲壳前外侧有豹斑，性情凶猛，具有极强的攻击性和领域性，喜偷袭

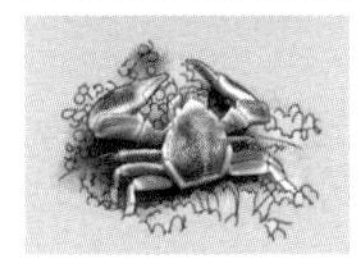

海葵蟹
规　格：2 cm ~ 3 cm
特　性：无明显的分辨性，通常成对居住，可与各种海葵共同生活。在水族箱中需有可寄生的海葵，适强光带

图 105　建议展示的虾蟹种类

5. 珊瑚类

无论是从功能性还是其作为海洋的特色背景上来看，珊瑚都是不可或缺的。珊瑚把海洋点缀得五光十色，单独作为展示区时，可增加色彩鲜艳的热带鱼类，通过动静结合突显珊瑚的美感，图 106 所示为珊瑚展示种类搭配建议。其他的搭配展示类型有：奇鱼展示缸——角箱鲀、狼鳗、石鱼、叶海龙、翻车鱼、管口鱼、鳜鱼等；触摸池——海星、海龟、燕子鳐、鲎等。

以上是常见几种主要展示区的种类建议，另外还可以根据海洋馆的主题或业主的需求来搭配展示，在保证其生态稳固的基础上增加其观赏性。

造礁珊瑚
特　　性：对环境要求比较高，水深不超过 100 m，盐度在 3.5%，水体要洁净，不能有污浊的泥沙，透光性强。在 20 m、25℃的环境里珊瑚虫发育最快

黄金吊
规　　格：10 cm ~ 12 cm
特　　性：三角形头部，吻前突，眼睛位于头顶，身体前端高，体色金黄色。喜食藻类，珊瑚礁区水中上层，成群活动

粉蓝吊
规　　格：10 cm ~ 12 cm
特　　性：又称白胸刺尾鱼，椭圆形，全身粉蓝色或浅蓝色，背鳍鲜黄色或浅蓝色。一般单独或成对行动，觅食时则聚集成大型鱼群

蓝吊
规　　格：10 cm ~ 12 cm
特　　性：侧面轮廓高且扁平，椭圆形，尾部两侧尖刺，背鳍、臀鳍与身体交接处极长，眼睛长在头部上方。成群觅食

紫印
规　　格：10 cm
特　　性：雌鱼的颜色接近于黄色，腹部淡紫色；雄鱼接近粉色，淡紫色腹部，有攻击性

黑白龙
规　　格：15 cm
特　　性：背部呈弓形，头部有浅蓝色花纹。身体前半部分银白色，后半部分黑褐色、密布蓝色圆点。喜潜入底沙中

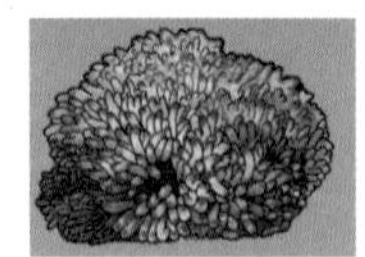

紫点海葵
特　　性：足部呈圆盘状，橘色、上有小红斑点。身体呈黄色，有 48 条短触手，触手顶端有紫色肉突，中间有明亮的环带。生活在深水区边缘，水色清澈时则色泽鲜艳，混浊时就变暗淡，喜埋于沙砾中

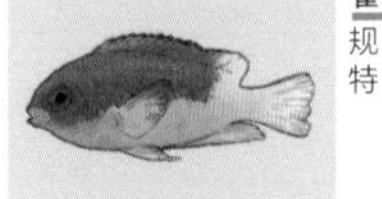

雀鲷
规　　格：3 cm
特　　性：体型像鲷，颜色艳丽，身体如麻雀般小巧，故称雀鲷，通常在珊瑚礁上觅食

蓝带血虾虎鱼
规　　格：3 cm
特　　性：又称蓝线鸳鸯、蓝线虾虎，身体为红色，带有白色斑点，鳃周围带蓝色。身体前半部有几条蓝色垂直条纹。喜欢藏身于丰茂的珊瑚礁石中，觅食各类有机质碎屑等

火焰神仙鱼
规　　格：5 cm
特　　性：体表红色配黑色直纹，背鳍和臀鳍交替紫蓝色和黑色条纹。喜欢啃食海葵和羽毛藻

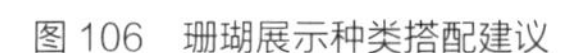

图 106　珊瑚展示种类搭配建议

6. 极地动物

6.1 企鹅（图 107 ~ 图 119）

有“海洋之舟”美称的企鹅是最古老的游禽之一，全世界的企鹅共有 18 种，大多数都分布在南半球。

企鹅能在 -60 ℃的严寒中生活、繁殖。在陆地上，它们像身穿燕尾服的绅士，走起路来一摇一摆，遇到危险连跌带爬、狼狈不堪。可是在水里，企鹅那短小的翅膀则成了一双强有力的“划桨”，游速可达每小时 25 km ~ 30 km，一天可游 160 km。 主要以磷虾、乌贼和小鱼为食。

图 107
帝企鹅

特性：身高 90 cm ~ 120 cm，颈下面是橙黄色羽毛，腹部乳白色，背部及鳍状肢则是黑色，喙的下方是鲜艳橘色

习性：潜入水底最深处的纪录高达 565 m。群居，以甲壳类动物为食。是唯一可以在南极洲的冬季进行繁殖的企鹅，也是企鹅家族中个体最大的物种

图 108
王企鹅

特性：颈侧有明显的橘黄色斑块，身高比帝企鹅矮

习性：遇到危险时会将腹部贴于冰面滑行，群居

图 109
阿德利企鹅

特性：体长 72 cm ~ 76 cm，眼圈为白色，头部呈蓝绿色，嘴部为黑色，嘴角有细长羽毛，短腿、黑爪

习性：有攻击性，不能飞、但善游泳和潜水，走路摇摆，会将腹部贴在冰面上滑行。可引入海洋馆，但不能混养

图 110
黄眉企鹅

特性：体长 55 cm ~ 65 cm，它们拥有着“鸡冠头”，在眼睛上方和耳朵两侧有不相连的金黄色的竖状装饰翎毛；红色的眼睛，明亮的黄色尖眉毛和粉红色的脚

习性：喜欢跳跃，群居，具攻击性

图 111
帽带企鹅

特性：也叫南极企鹅、警官企鹅，体长 72 cm，头部下面有一条黑色纹带，与同属的阿德利企鹅长得相似

习性：胆大，具有侵略性

图 112
巴布亚企鹅

特性：体形较大，身长 60 cm ~ 80 cm，眼睛上方有明显的白斑，嘴细长呈红色，眼角处有红色三角形

习性：胆小，游泳速度是企鹅家族中最快速的，眉清目秀却憨态可掬

图 113
小蓝企鹅

特性：身长 43 cm，头部和背部呈靛蓝色，耳部呈青灰色，腹部则为白色

习性：胆小，夜间觅食

图 114
非洲企鹅

特性：又名斑嘴环企鹅，身长 70 cm，胸部有黑纹及黑点，每一只都有独特的斑点，仿佛人类的指纹。眼睛上有粉红色的腺体

习性：成群生活，叫声像驴一样响亮

图 115
洪堡企鹅

特性：身长 65 cm ~ 70 cm，头部呈黑色，面部有黑色的条纹，有一条白色宽带从眼后一直延伸至下颌附近；下颌有一个肉粉色条纹延伸至眼睛
习性：喜温暖，群居。在晚上，会连续不断地呼叫，叫声喧闹似驴

图 116
马可罗尼企鹅

特性：又名长冠企鹅，体长 70 cm，双眼间有左右相连的橘色的装饰羽毛，头顶上的羽毛像意大利面，又叫“通心面企鹅”，喙部有一圈粉色羽毛
习性：喜跳跃，有攻击性

图 117
麦哲伦企鹅

特性：身长 70 cm，头部主要呈黑色，有一条白色的宽带从眼后一直延伸至下颌附近
习性：群居

图 118
加岛环企鹅

特性：身长 44 cm ~ 53 cm，背部呈黑色，腹部呈白色，并有一些黑色羽毛形成的斑点，一道白条从粉红色的眼睛处延伸到另外一侧
习性：唯一的赤道企鹅

图 119
白颊黄眉企鹅

特性：白颊黄眉企鹅为一夫一妻制，每年的 9 月至次年的 3 月为繁殖季节。雌性每次产卵 2 枚，孵化期为 30~40 天，一年后幼崽才能自由捕食，每次繁殖平均只有一只幼崽能存活
习性：白天活动，群居

6.2 北极熊（图 120）

北极熊体型巨大且凶猛，直立身高可达 2.8 m，是陆地上最大的食肉动物，常以海豹为食，因其擅长游泳，故而被引入海洋馆作为科普北极主题的展示动物。

图 120　北极熊

6.3 北极狼（图 121）

北极狼比生活在南方的狼个头要小一些，平均肩高 64 cm ~ 80 cm，为了保存热量，耳朵和口鼻也小一些，但是背部与腿强健有力，适合长途迁移。北极狼起源于 30 万年前，生活环境极其荒凉和恶劣，虽然它不是海洋动物，但是展示科普北极主题时，北极狼则是必不可少的主题动物。

图 121　北极狼

6.4 北极狐（图 122）

北极狐体长 46 cm ~ 68 cm。体型较小、肥胖，雄性体型略大。颜面窄，嘴尖，圆耳，颊后部生长毛，短腿，脚底部也密生长毛，适合在冰雪地上行走，尾毛蓬松、尖端白色，体型略小于赤狐，可爱的外形与其食肉的生活习性形成鲜明的对比。

可在 -50 ℃的冰原上生活，可引入海洋馆作为极地主题区的展示动物。

图 122　北极狐

6.5 北极兔（图 123）

北极兔体长 55 cm ~ 71 cm，体重 4.0 kg ~ 5.5 kg，群居、耐寒。鼻子、耳朵灵敏，不羞怯胆小，易于驯服，主要以苔藓、植物、树根等为食，偶尔也吃肉，一年生育一次，每窝能产 2~5 只幼崽。

图 123　北极兔

6.6 鲸豚类（图 124 ~ 图 133）

鲸豚类因其聪明才智成为海洋馆的表演明星。海豚属于中小型的鲸类。体长为 1.5 m ~ 10 m，体重为 50 kg~ 7000 kg，雄性通常比雌性大一些。多数海豚头部特征明显，前额因为透镜状脂肪的存在而隆起，又称“额隆”，此类构造有助于聚集回声定位和觅食发出的声音。多数海豚的体型圆滑、流畅，有弯如钩状的背鳍（也存在其他形态），也有一些海豚体表有醒目的彩色图案。

图 124
灰海豚

特性：头方圆，前端钝，无吻突，额隆前方有纵沟，背鳍高大
习性：远洋习性。经过人工驯养后可以表演一些高难的动作，如顶球、跳跃、运哑铃、钻圈等

图 125
中华白海豚

特性：体粗壮，喙中等长，有较大的、近三角形的背鳍，标本最大体长约为 2.6 m，下颌前端略超出上颌，喙与额隆间没有深的凹痕为界，背鳍形成增厚的脊；尾柄具发达的背脊和腹脊，亚成体灰色和粉红色相间，成体纯白色，身体常由于充血而透出粉红色
习性：单独或成对，常做跃水、探头等动作，乘浪不常见到

图 126
白点原海豚

特性：体长 180 cm ~ 210 cm，呈纺锤形。成体的背部呈深灰色，有数量不等的白斑，明亮的白喙

习性：群居，常与黄鳍金枪鱼群混游，当有船经过时常高高跃出水面，表演一系列空中杂技

图 127
瓶鼻海豚

特性：体长 1.9 m ~ 3.8 m，躯体粗壮，喙前端突出、短硕，身体全黑、色泽均匀，至腹部颜色渐淡

习性：群居，生性活跃，常以尾鳍拍打水面。因其适应力强，故经过人工饲养再加以训练后可表演或展示

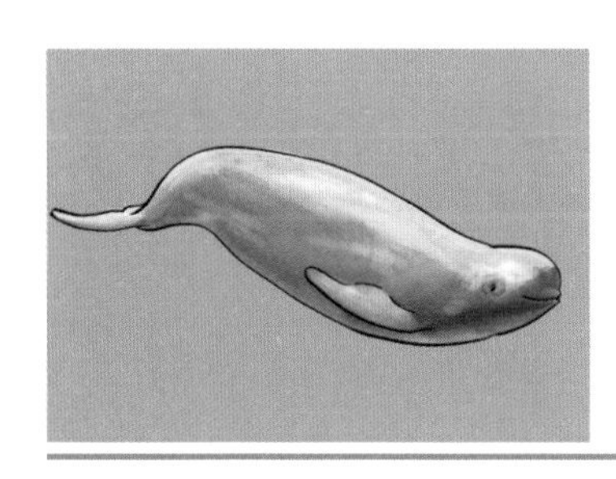

图 128
长江江豚

特性：俗称江猪，体型较小，头部钝圆，额部隆起稍向前凸；喙部短阔，上下颌几乎一样长。全身铅灰色或灰白色，一般体长约 1.2 m，最长的可达 1.9 m，外形与海豚相似，寿命约 20 年

习性：性情活泼，常在水中上游下窜，或翻滚、跳跃、喷水等

图 129
镰鳍斑纹海豚

特性：又叫太平洋短吻海豚，体呈纺锤形，头部吻突短而扁，口较小，体背黑色或黑灰色，腹面白色

习性：喜集群活动，性活泼，擅长空中绝技，快速游动时，常跃出水面 2 m 多高。常随船乘波逐浪、追逐嬉戏

图 130
白鳍豚

特性：体形呈纺锤形，身长为 1.5 m ~ 2.5 m。嘴部又长又细，背呈浅灰色或蓝色，腹面为纯白色，背鳍形如一个小三角形，胸鳍宛如两只手掌，尾鳍扁平、中间分叉

习性：小群居，声呐系统极为灵敏，头部还有一种超声波功能

图 131
白鲸

特性：额头隆起突出且圆滑，喙都很短，唇线宽阔。身体为白色。白鲸与其他鲸类相比唯一不同的是：成年鲸的皮肤在夏季会略带淡黄色，但可以蜕换。白鲸是鲸类王国中最优秀的“口技”专家，能发出几百种声音，发出的声音变化多端。还用自己宽大的尾叶突戏水，将身体半露出水面，姿态十分美丽

习性：群居，一般会在每年 7 月集体迁徙

图 132
短肢领航鲸

特性：前额很圆，上颌额部向前突出呈膨隆状，吻部特别短，从侧面看不出头与躯干的明显界限，因此头看起来很大；身体是黑色或者黑褐色，背脊上有灰白色斑块
习性：群居，常见于温暖的海域，露出水面时会用鲸尾拍打海水，潜水时会将尾巴弯曲

图 133
伪虎鲸

特性：黑色，体细长，头钝，口大、口裂为体长的 8.2% ~ 9.7%，鳍肢位于体前 1/6 处，背鳍相对较小，类似海豚的背鳍，位于体中部稍前处
习性：会接近船只进行探察；兴奋时，会优雅地跃出水面，并用鲸尾击浪，造成几乎与其体型同样大的水花。比较容易搁浅，喜群居，同伴间眷恋性很强，很少单独活动

6.7 鳍足类（图 134 ~ 图 136）

鳍足类又称鳍足目，属于哺乳纲，海生食肉兽，鳍像四肢，故而得名，前肢可划水，后肢与尾部连在一起，游泳速度快，但在陆地上行动笨重迟缓，看起来憨态可掬，海洋馆常见到的种类有海狮、海豹和海象。

图 134
海豹

特性：海豹体粗圆、呈纺锤形。全身被短毛，背部蓝灰色，腹部乳黄色，带有蓝黑色斑点。头近圆形，眼大而圆，无外耳郭，吻短而宽，上唇触须长且粗硬，呈念珠状。四肢均具 5 趾，趾间有蹼，形成鳍状肢，具锋利爪。后鳍肢大，向后延伸，尾短小而扁平。海豹与海狮相似，但海豹身形较大，虽然没有外耳郭，但其听觉却十分灵敏

习性：斑海豹在登陆后只能依靠前肢和上体匍匐爬行，步履艰难，十分笨拙可爱，因此其活动的范围也不大。经过训练后可成为海洋馆秀场的表演主角

图 135
海狮

特性：体型较小，体长一般不超过 2 m。北海狮为海狮科最大的一种。雄性体长 310 cm ~ 350 cm，体重在 1000 kg 以上。面部短宽，吻部钝，眼和外耳壳较小。前肢较后肢长且宽，前肢第一趾最长，爪退化。后肢的外侧趾较中间三趾长而宽，中间三趾具爪。海狮是鳍足类唯一拥有外耳壳的成员，还拥有一对向前屈曲、十分灵活的后肢，能够帮助其在陆地走动

习性：海狮有着高超的潜水本领，可代替潜水员打捞海底遗物、进行水下军事侦察和海底救生等。经过训练可成为海洋馆秀场的表演主角

图 136
海象

特性：海中的大象，其身体庞大，皮厚而多褶皱，有稀疏的刚毛，眼小、视力欠佳，具长着两颗长长的牙。海象跟海狮一样拥有一对向前屈曲、灵活的后肢。不过它们的不同之处是海象拥有一对又尖又大的长牙

习性：海象虽然看起来丑陋又笨拙，但是海洋馆的表演主角

CONSTRUCTION AND OPERATION

第五部分

建设运营

1. 建设运营汇总（表 17）

表 17 建设运营汇总表

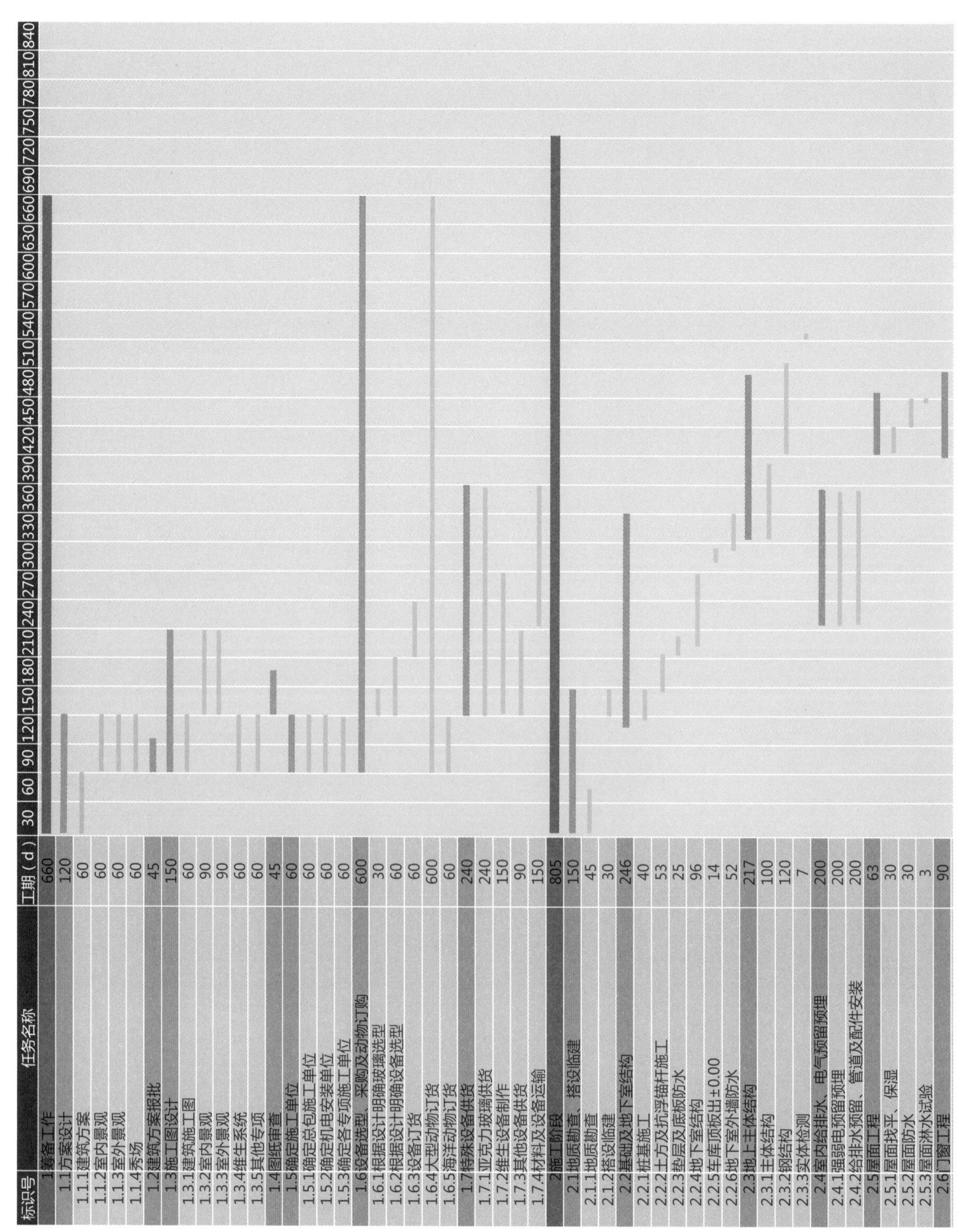

标识号	任务名称	工期（d）
1	筹备工作	660
1.1	方案设计	120
1.1.1	建筑方案	60
1.1.2	室内景观	60
1.1.3	室外景观	60
1.1.4	秀场	60
1.2	建筑方案报批	45
1.3	施工图设计	150
1.3.1	建筑施工图	60
1.3.2	室内景观	90
1.3.3	室外景观	90
1.3.4	维生系统	60
1.3.5	其他专项	60
1.4	图纸审查	45
1.5	确定施工单位	60
1.5.1	确定总包施工单位	60
1.5.2	确定机电安装单位	60
1.5.3	确定各专项施工单位	60
1.6	设备选型、采购及动物订购	600
1.6.1	根据设计明确玻璃选型	30
1.6.2	根据设计明确设备选型	60
1.6.3	设备订货	60
1.6.4	大型动物订货	600
1.6.5	海洋动物订货	60
1.7	特殊设备供货	240
1.7.1	亚克力玻璃供货	240
1.7.2	维生设备制作	150
1.7.3	其他设备供货	90
1.7.4	材料及设备运输	150
2	施工阶段	805
2.1	地质勘查、搭设临建	150
2.1.1	地质勘查	45
2.1.2	搭设临建	30
2.2	基础及地下室结构	246
2.2.1	桩基施工	40
2.2.2	土方及抗浮锚杆施工	53
2.2.3	垫层及底板防水	25
2.2.4	地下室结构	96
2.2.5	车库顶板出±0.00	14
2.2.6	地下室外墙防水	52
2.3	地上主体结构	217
2.3.1	主体结构	100
2.3.2	钢结构	120
2.3.3	实体检测	7
2.4	室内给排水、电气预留预埋	200
2.4.1	强弱电预留预埋	200
2.4.2	给排水预留、管道及配件安装	200
2.5	屋面工程	63
2.5.1	屋面找平、保湿	30
2.5.2	屋面防水	30
2.5.3	屋面淋水试验	3
2.6	门窗工程	90

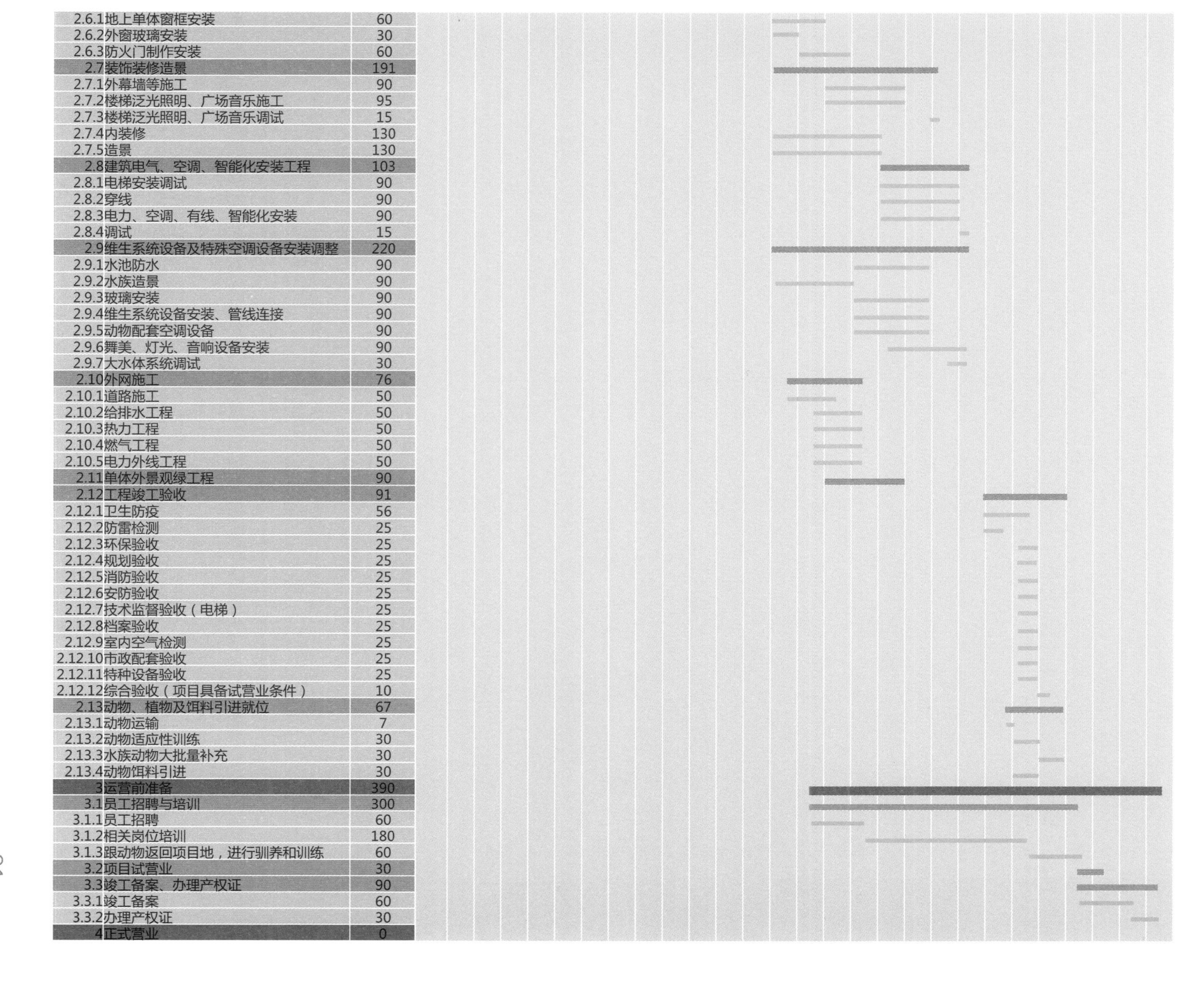

2.6.1地上单体窗框安装	60
2.6.2外窗玻璃安装	30
2.6.3防火门制作安装	60
2.7装饰装修造景	191
2.7.1外幕墙等施工	90
2.7.2楼梯泛光照明、广场音乐施工	95
2.7.3楼梯泛光照明、广场音乐调试	15
2.7.4内装修	130
2.7.5造景	130
2.8建筑电气、空调、智能化安装工程	103
2.8.1电梯安装调试	90
2.8.2穿线	90
2.8.3电力、空调、有线、智能化安装	90
2.8.4调试	15
2.9维生系统设备及特殊空调设备安装调整	220
2.9.1水池防水	90
2.9.2水族造景	90
2.9.3玻璃安装	90
2.9.4维生系统设备安装、管线连接	90
2.9.5动物配套空调设备	90
2.9.6舞美、灯光、音响设备安装	90
2.9.7大水体系统调试	30
2.10外网施工	76
2.10.1道路施工	50
2.10.2给排水工程	50
2.10.3热力工程	50
2.10.4燃气工程	50
2.10.5电力外线工程	50
2.11单体外景观绿工程	90
2.12工程竣工验收	91
2.12.1卫生防疫	56
2.12.2防雷检测	25
2.12.3环保验收	25
2.12.4规划验收	25
2.12.5消防验收	25
2.12.6安防验收	25
2.12.7技术监督验收（电梯）	25
2.12.8档案验收	25
2.12.9室内空气检测	25
2.12.10市政配套验收	25
2.12.11特种设备验收	25
2.12.12综合验收（项目具备试营业条件）	10
2.13动物、植物及饵料引进就位	67
2.13.1动物运输	7
2.13.2动物适应性训练	30
2.13.3水族动物大批量补充	30
2.13.4动物饵料引进	30
3运营前准备	390
3.1员工招聘与培训	300
3.1.1员工招聘	60
3.1.2相关岗位培训	180
3.1.3跟动物返回项目地，进行驯养和训练	60
3.2项目试营业	30
3.3竣工备案、办理产权证	90
3.3.1竣工备案	60
3.3.2办理产权证	30
4正式营业	0

2. 建设运营概述

2.1 前期筹备

（1）方案设计；

（2）建筑方案报批；

（3）施工图设计；

（4）图纸审查；

（5）确定各施工单位；

（6）设备选型、采购及动物订购；

（7）特殊设备供货。

2.2 施工阶段

（1）地质勘查、搭设临建；

（2）基础及地下室结构施工；

（3）地上主体结构施工；

（4）室内给排水、电气预留、预埋；

（5）屋面工程；

（6）门窗工程；

（7）装饰装修、造景；

（8）建筑电气、空调、智能化安装工程；

（9）维生系统设备及特殊空调设备安装调整；

（10）外网施工；

（11）单体外景观绿化工程；

（12）工程竣工、验收；

（13）动物、植物及饵料引进就位。

2.3 后期运营

（1）员工招聘与培训；

（2）项目试营业；

（3）竣工备案、办理产权证；

（4）正式营业。